Mag. Martin Dunkl

# Corporate Design Praxis

5. erweiterte und aktualisierte Auflage

# Corporate Design Praxis

## Das Handbuch der visuellen Identität

5. erweiterte und aktualisierte Auflage

LexisNexis® Österreich vereint das Erbe der österreichischen Traditionsverlage Orac und ARD mit der internationalen Technologiekompetenz eines der weltweit größten Medienkonzerne, Reed Elsevier. Als führender juristischer Fachverlag deckt LexisNexis® mit einer vielfältigen Produktpalette die Bedürfnisse der Rechts-, Steuer- und Wirtschaftspraxis ebenso ab wie die der Lehre.

Bücher, Zeitschriften, Loseblattwerke, Skripten, die Kodex-Gesetzestexte und die Datenbank LexisNexis® Online garantieren nicht nur die rasche Information über neueste Rechtsentwicklungen, sondern eröffnen den Kunden auch die Möglichkeit der eingehenden Vertiefung in ein gewünschtes Rechtsgebiet.

Nähere Informationen unter www.lexisnexis.at

Bibliografische Information der Deutschen Bibliothek
Die Deutsche Bibliothek verzeichnet diese Publikation in der Deutschen Nationalbibliografie; detaillierte bibliografische Daten sind im Internet über http://dnb.ddb.de abrufbar.

Das Werk ist vom Bundesministerium für Bildung mit GZ BMB-5.001/0077-IT/3/2017 vom 2. November 2017 für Berufsschulen, höhere technische Lehranstalten und Kollegs genehmigt.

Schulbuchnr.: 155.584
ISBN 978-3-7007-6743-5

LexisNexis Verlag ARD Orac GmbH & Co KG, Wien
www.lexisnexis.at
Wien 2017 • Best.-Nr. 34.011.005

Foto Cover: Heinz Schmölzer
Foto Dunkl: beigestellt

Druckerei: Prime Rate GmbH, Budapest

# Vorwort zur fünften Auflage

In den vergangenen fünf Jahren seit Erscheinen der vierten Auflage von „Corporate Design Praxis" hat sich Corporate Design in zwei Richtungen entwickelt. Auf der einen Seite ist der CD-Entwicklungsprozess durch den Vormarsch der digitalen Medien mit ihrem responsiven Design vielfältiger geworden. Diese Flexibilität in der Gestaltung führte zur Idee des flexiblen CD's mit dynamischen Logos. Auf der anderen Seite „entwerfen" Laien Logos mithilfe simpler Programme, und in Webforen lassen sich Logos für einen beschämend niedrigen Lohn einkaufen.

Mittlerweile sind jedoch viele Unternehmen, die sich ein flexibles CD entwickeln ließen, wieder zurückgekehrt zum bewährten statischen Logo. Der Kommunikationsaufwand war zu hoch und die Praktikabilität zu niedrig. Dieses Buch soll dazu beitragen, das in den letzten Jahren stetig verbesserte Qualitätsniveau im Corporate Design zu halten und weiter zu steigern.

Martin Dunkl,
Wien, im Januar 2017

# Vorwort zur vierten Auflage

Corporate-Design-Prozesse werden immer professioneller. Ich hoffe, auch die vorangegangenen Ausgaben dieses Buches haben dazu beigetragen. So bildet vermehrt Corporate Identity (CI), als legislative Ebene über der exekutiven Ebene Corporate Design, die Basis von CD-Projekten. Um diese Entwicklung zu unterstützen, habe ich das Kapitel "CI" ausgebaut und den Exkurs "Marke und Markenarchitektur" hinzugefügt.

Martin Dunkl,
Wien, im Januar 2011

# Vorwort zur dritten Auflage

Als im Jahr 1997 Corporate Design Praxis zum ersten Mal erschien, war ein wichtiger Beweggrund für dieses Buch die permanente Verwechslung der beiden Begriffe „Corporate Design" und „Corporate Identity" – nicht nur bei Studierenden und Auftraggebenden, sondern auch in den Fachmedien. Ein weiterer Faktor war das Unwissen über die Vorteile eines professionellen CD-Prozesses, beginnend mit dem Briefing („Wir möchten Ihre Kreativität nicht mit Marktforschungsdaten oder Marketingplänen hemmen!") bis hin zum Unwissen über objektive Kriterien für Designentscheidungen („Lassen wir mal die Mitarbeiter über die Logoentwürfe abstimmen.")

Heute verwenden zumindest die Fachmedien den Begriff CD korrekt und immer mehr Unternehmen entscheiden sich für einen geplanten und strukturierten CD-Prozess. Auch lässt sich feststellen, dass Briefings bereits mit viel Hintergrundinformation versehen sind und klare Designziele vorgegeben werden. Schwächen zeigen sich aber in der praktischen Umsetzung. CD-Projekte werden oft mit großem Elan begonnen, bis das neue Logo gefunden wurde; die konsequente Anwendung im gesamten Unternehmen weist jedoch häufig noch Schwächen auf. Daher habe ich vor allem die Kapitel CD-Prozess und Umsetzung erweitert und vertieft.

Martin Dunkl,
Wien, im Dezember 2004

# Vorwort zur zweiten Auflage

Der zunehmende Wettbewerb verlangt Differenzierung von Produkten und Unternehmen.

Produkten steht hierfür das „Werkzeug" Marke zur Verfügung, das sich immer stärkerer Beliebtheit erfreut. Ein Unternehmen kann sich mit Hilfe seiner Unternehmensphilosophie, eines einheitlichen Erscheinungsbildes nach innen und nach außen, einheitlicher Kommunikation und ähnlichen Maßnahmen vom Mitbewerb distanzieren. Corporate Identity, Corporate Design, Corporate Communications, Corporate Behaviour sind die zentralen Strategien, die sich leider in Österreich noch nicht derselben Bekanntheit wie die Marke erfreuen.

Oft wissen sogar Werbeagenturen nicht genau, woraus ein vollwertiges CD-Programm besteht. Gerade deshalb war es besonders wichtig, ein übersichtliches, praxisnahes Handbuch zu schaffen, das den Lesern nicht nur Begriffe näherbringt, sondern auch als wertvolles Hilfsmittel für die Umsetzung dient. Das ist dem Autor Martin Dunkl, Träger des CD-Preises von HKS, in diesem Werk sehr gut gelungen.

Das Buch stellt eine gute Arbeitsgrundlage für all jene Fachleute dar, die sich im Zuge ihrer Tätigkeit mit CD beschäftigen wollen und müssen. Es ist ein Bindeglied zwischen Theorie und Praxis und erläutert die Problematik der Entwicklung und Integration von CI- und CD-Richtlinien in verschiedenen Bereichen. Dennoch sei empfohlen, immer Spezialisten hinzuzuziehen.

In diesem Sinne werden Sie wertvolle Anregungen finden, die Ihnen die Darstellung Ihres Unternehmens vereinfachen.

Dr. Günter Schweiger
o. Univ.-Professor für Werbewissenschaft und Marktforschung,
Leiter des Universitätslehrganges für Werbung und Verkauf,
Wirtschaftsuniversität Wien

Wien, im August 2000

# Vorwort zur ersten Auflage

Endlich gibt es ein auf österreichische Verhältnisse angelegtes Werk über Corporate Design, das internationalen Ansprüchen gerecht wird: Martin Dunkl, selbst eine der „Triebfedern" des CD-Gedankens und Träger des CD-Preises von HKS (D, CH, A), hat ein übersichtliches und praxisbezogenes Handbuch geschaffen, das GrafikerInnen, Druckereien, Unternehmensberatern und all jenen Mitarbeitern als Arbeitsgrundlage dienen soll, die sich um einen aussagekräftigen Auftritt und ein einheitliches und durchdachtes Erscheinungsbild ihres Unternehmens bemühen.

Corporate Design wird dabei in Österreich noch häufig mit Corporate Identity (CI) verwechselt: Corporate Identity, im Unternehmensleitbild festgelegt, bildet als „Wer bin ich?" und „Wohin will ich?" die Basis, auf der die CD-Arbeit aufbaut – CD macht CI nach außen hin sichtbar.

Der CD-Spezialist ist damit nicht einfach nur Grafiker. Aufbauend auf der genauen Analyse der Unternehmenssituation versucht er, die optimale Symbiose zwischen den Wünschen der Kunden, den Vorstellungen des Unternehmens und dem Auftritt des Produkts herzustellen – mit dem Ziel, ein zukunftsorientiertes und durchdachtes CD zu schaffen, mit dem sich das Unternehmen viele Jahre lang identifizieren kann.

Das vorliegende Werk wird Grafikdesignern, die CD als ernstzunehmende analytische und gestalterische Aufgabe begreifen, eine unverzichtbare Hilfe bei der Erstellung von Unternehmensauftritten sein; ihre Auftraggeber werden darin wertvolle Anregungen für die Sichtbarmachung der Firmenphilosophie nach außen und für die Zusammenarbeit mit CD-Grafikern finden.

Mag. Manfred Pretting
Direktor der Werbe Akademie Wien
Corporate Identity-Berater

Wien, im August 1997

Alan Galekovic, Rudolf Greger, Clemens Heider, Sebastian Jakl, Evelyn Junghanns und Andrea Klausner, meinen Mitstreitern in der init_cd, danke ich für die vielen Stunden tiefgehender Diskussion über Corporate Design.

Hermann Schindler danke ich für die Idee zum Titelfoto, das Heinz Schmölzer aufgenommen hat.

# Inhalt

| 1. | **Einführung** | 13 |
| 1.1 | Corporate Identity und Corporate Design | 14 |
| 1.2 | CD wirkt nicht alleine | 19 |
| 1.3 | Für welche Bereiche ist CD zuständig? | 20 |
| 1.4 | Verantwortung für CD im Unternehmen | 21 |
| | | |
| 2. | **Die wirtschaftliche Bedeutung von CD** | 22 |
| 2.1 | CD ist ein Wettbewerbsfaktor | 23 |
| 2.2 | CD als Wertfaktor | 25 |
| 2.3 | Lebensdauer von CD | 26 |
| | | |
| 3. | **Die Voraussetzungen für CD** | 28 |
| 3.1 | Klientenseitige Voraussetzungen | 28 |
| 3.2 | Beraterseitige Voraussetzungen | 31 |
| 3.3 | Was ist gutes CD? | 34 |
| | | |
| 4. | **Das CD-Budget** | 36 |
| 4.1 | Honorare | 36 |
| 4.2 | Nebenleistungen und Nebenkosten | 40 |
| 4.3 | Offertbeispiel CD-Projekt | 40 |
| 4.4 | Umsetzungskosten | 42 |
| 4.5 | Einführungskosten | 43 |
| 4.6 | Kalkulationsbeispiel CD-Budget | 43 |
| | | |
| 5. | **Der CD-Prozess** | 44 |
| 5.1 | CD-Arbeitsgruppe | 46 |
| 5.2 | Auswahl der CD-Agentur | 49 |
| 5.3 | Briefing | 51 |
| 5.4 | CI-Analyse | 53 |
| 5.5 | Recherchen | 62 |
| 5.6 | Entwurfskriterien | 66 |
| 5.7 | Der Katalog der CD-Elemente | 75 |
| 5.8 | Alles neu oder Redesign? | 77 |

| | | |
|---|---|---|
| 5.9 | Kreation | 80 |
| | Basisdesign | 81 |
| | Exkurs: Marke und Markentechnik | 91 |
| | Der juristische Markenbegriff | 95 |
| | Corporate Colour | 96 |
| | Corporate Type | 99 |
| | Ordnungsprinzip | 103 |
| | Sekundäre Stilelemente | 104 |
| | Anwendungen | 105 |
| **6.** | **Interne Kommunikation** | 119 |
| **7.** | **Die Umsetzung** | 121 |
| 7.1 | Markenregistrierung | 123 |
| | Fallbeispiele | 127 |
| **8.** | **Externe Präsentation** | 140 |
| **9.** | **CD-Manual** | 144 |
| **10.** | **Coaching** | 148 |
| **11.** | **Nachbetreuung** | 149 |
| | **Glossar** | 150 |
| | **Literaturempfehlungen** | 163 |
| | **Adressen** | 167 |

# 1. Einführung

Vor Beginn der industriellen Revolution waren Anbieter von Waren bei ihrer Zielgruppe weithin bekannt: Jede Berufsgruppe war in einem bestimmten Stadtbezirk zu finden und Zunftzeichen wiesen den jeweiligen Gewerken als qualifiziert aus. Einheitliche Erscheinungsbilder dienten damals nicht der individuellen Unterscheidbarkeit, sondern der Hervorhebung von Gruppenzugehörigkeit (Zunftzeichen, Trachten). Bei militärischen Auseinandersetzungen war das schnelle Unterscheidenkönnen von Freund und Feind natürlich besonders wichtig (Wappenschilder, Uniformen, Flaggen etc.).

Erst mit der industriellen Produktion wurden individuelle Erkennungsmerkmale notwendig, um den über die eigene Ortschaft hinaus vertriebenen Produkten verlässliche Wiedererkennbarkeit zu verschaffen. Es erschienen die ersten Markenzeichen, die in ihrer Form noch stark an Zunftzeichen und Wappenschilder angelehnt waren. In dieser Zeit wurden Unternehmen durch eine einzige Unternehmerpersönlichkeit geprägt. Im 20. Jahrhundert entstanden Firmen und Firmengruppen, die mehreren Eigentümern gleichzeitig gehörten. Solche anonymen Unternehmensgruppen verschafften sich durch ein künstlich geschaffenes Logo und ein konsequent gestaltetes Erscheinungsbild ein einheitliches Image und damit die Voraussetzung für weitere Expansion.

Die Öffnung des europäischen Marktes und das Beseitigen vieler wettbewerbsbehindernder Maßnahmen (Niederlassungsbeschränkungen, europaweite Ausschreibungen) machten Corporate Design (CD) auch für Klein- und Mittelbetriebe notwendig. Mehr und mehr Handwerksbetriebe haben heute ein professionelles CD. Die immer größer werdende Ähnlichkeit und Austauschbarkeit von Produkten und Dienstleistungen macht CD als Alleinstellungsmerkmal unverzichtbar. Die Liberalisierung der Märkte hat auch vor Berufsgruppen nicht Halt gemacht, die früher an CD gar nicht denken durften: ÄrztInnen und RechtsanwältInnen. Diesen Berufsgruppen war ein professionell gestaltetes Erscheinungsbild seitens ihrer Berufsvereinigungen untersagt, ja es wurde ihnen sogar Größe, Farbe und Form der Praxistafel bzw. Kanzleitafel vorgeschrieben.

# 1.1 Corporate Identity und Corporate Design

Leider werden sogar in der Fachpresse die Begriffe „Corporate Design" (CD) und „Corporate Identity" (CI) verwechselt. UnternehmerInnen, die lediglich ein neues Logo wünschen, verlangen von CD-Agenturen irrtümlich eine neue „CI"; Personal, das eine Preisliste selbst am PC erstellt hat, fragt bei der Werbeleitung nach, ob seine Liste auch „CI-konform" sei. Sie irren alle, denn eigentlich meinen sie „CD", wenn sie „CI" sagen!

## Corporate Design (CD)

Was ist also „CD"?
Der expert cluster Corporate Design (init_cd) von designaustria definiert: *„CD ist die visuell wahrnehmbare Gesamtheit aller bewusst beeinflussten Erscheinungsformen eines Unternehmens."* (init_cd: Qualitätsstandards für Corporate Design, designaustria, Wien, 2010)

CD gestaltet das gesamte Erscheinungsbild eines Unternehmens, also alles, was mit den Augen wahrnehmbar ist. – An dieser Stelle möchte ich darauf hinweisen, dass, wenn in diesem Buch die Rede von „Unternehmen" ist, auch alle anderen Organisationen gemeint sind, wie z. B. Behörden, Ministerien, Verbände, Vereine, Bildungsinstitutionen, NGOs oder Religionsgemeinschaften.

Im Rahmen eines CD-Programms werden mehr als nur das Logo, die Visitenkarte und der Jahresbericht gestaltet, nämlich darüber hinaus auch die Website, Lieferfahrzeuge, Shopfassaden, Büroeinrichtungen, Arbeitskleidung etc. Wir sprechen nur dann von CD, wenn alle Erscheinungsformen einer Organisation einheitlich, einem Gestaltungskonzept folgend, entwickelt worden sind. Zeigt sich hingegen ein Unternehmen uneinheitlich und sind seine Erscheinungsformen nur zufällig im Laufe der Zeit entstanden (wenn beispielsweise die Lackierung von Lieferfahrzeugen nur nach der momentanen Verfügbarkeit seitens des Autohändlers entschieden wurde), dann kann man nicht von CD sprechen. Allerdings wäre hier CD dringend angeraten.

# Corporate Identity (CI)

Und was versteht man unter „CI"?

Public-Relations-Verband Austria (PRVA):
*„CI ist das formulierte Selbstverständnis eines Unternehmens. Sie besteht aus festgeschriebenen, bindenden Prinzipien für Verhalten, Kommunikation und Erscheinungsbild zur Bestimmung einer unverwechselbaren Unternehmenspersönlichkeit."*

K. Birkigt, M. M. Stadler und H. J. Funk: *„In der wirtschaftlichen Praxis ist Corporate Identity die strategische und operativ eingesetzte Selbstdarstellung und Verhaltensweise eines Unternehmens nach innen und außen auf Basis einer festgelegten Unternehmensphilosophie, einer langfristigen Unternehmenszielsetzung und eines definierten (Soll-) Images – mit dem Willen, alle Handlungsinstrumente des Unternehmens in einheitlichem Rahmen innen und außen zur Darstellung zu bringen."*
(Corporate Identity, Verlag Moderne Industrie, Landsberg/Lech, 1998)

G. Schweiger und G. Schrattenegger:
*„CI beinhaltet die Identität eines Unternehmens als Summe der charakteristischen Eigenschaften, die seine Unternehmenspersönlichkeit ausmacht, und die es von anderen Unternehmen derselben Branche differenziert. Wie ein Individuum seine Identität darlegen muss, um in Beziehung treten zu können, muss auch ein Unternehmen in der Interaktion mit anderen Marktteilnehmern zeigen, was und wer es ist."*
(Werbung, UTB Lucius & Lucius, Stuttgart 2009)

# Leitbild

Zusammengefasst und vereinfacht ausgedrückt: CI ist die Firmenphilosophie. Sie ist im Leitbild niedergeschrieben und gibt Antwort auf die grundsätzlichen Fragen:

- ■ *Woher kommen wir?* (Geschichte, Kompetenz aus Erfahrung)
- ■ *Wer sind wir?* (Skills und Persönlichkeit der Mitarbeitenden)
- ■ *Was machen wir?* (Art der Produkte, Dienstleistung)

■ *Wie arbeiten wir?* (Methoden, Führungsverhalten)
■ *Für wen arbeiten wir?* (KundInnen, Stakeholder)
■ *Mit wem arbeiten wir?* (Ressourcen, LieferantInnen)
■ *Wohin gehen wir?* (Vision)

Die Antworten auf diese Fragen bilden die *Leitsätze* des Unternehmens. Das Leitbild muss im Unternehmensalltag umgesetzt werden. Ein wesentliches Umsetzungstool der CI ist CD. Damit das CD die Unternehmenswerte verlässlich widerspiegelt, werden die Leitsätze in Entwurfskriterien umgewandelt (siehe Kapitel Entwurfskriterien, S. 66).

## Ziele von CI

CI wird als Instrument der Unternehmenspolitik eingesetzt, um Erfolge innerhalb und außerhalb des Unternehmens zu erzielen.

**CI-Ziele nach innen**
■ Quantitative und qualitative Erfolge bei Personalanzeigen
■ Geringe Mitarbeiterfluktuation
■ Teamharmonie
■ Mitarbeitende als Markenbotschafter
■ Fehlerreduktion
■ Funktionierende interne Kommunikation
**CI-Ziele nach außen**
■ Differenzierung vom Wettbewerb
■ Wiedererkennbarkeit, Merkbarkeit
■ Vertrauen seitens der Abnehmer in Preis und Qualität
■ Präferenz
■ Verständnisvolle Nachbarn, Behörden
■ Positive Medienberichte
■ Günstige Aktienkurse, leichte Kreditaufnahme
■ Erfolgreiche Mitarbeitersuche
■ Aufmerksamkeit und Wohlwollen bei Politikern (Lobbying)

## Corporate Culture und Corporate Image

Konsequent gelebte Unternehmensphilosophie wird als Corporate Culture bezeichnet. Während man CI als *Selbstbild* des Unternehmens bezeichnen kann, stellt die Wahrnehmung der Unternehmensphilosophie in den Köpfen der Stakeholder das *Fremdbild* des Unternehmens dar. Corporate Culture ist die Voraussetzung für ein positives Fremdbild, also für das Corporate Image. In eine zeitliche Abfolge gebracht bedeutet das:

1. CI ist die Basis, die gesetzgebende Ebene – Legislative
2. Der Identity-Mix (CC, CD, CB) ist die instrumentale Ebene – Exekutive
3. Corporate Culture ist die gelebte Umsetzung der CI
4. Corporate Image ist das wahrgenommene Bild von außen

CD ist nur eines von drei exekutiven Tools im Identity-Mix der CI-Strategie.

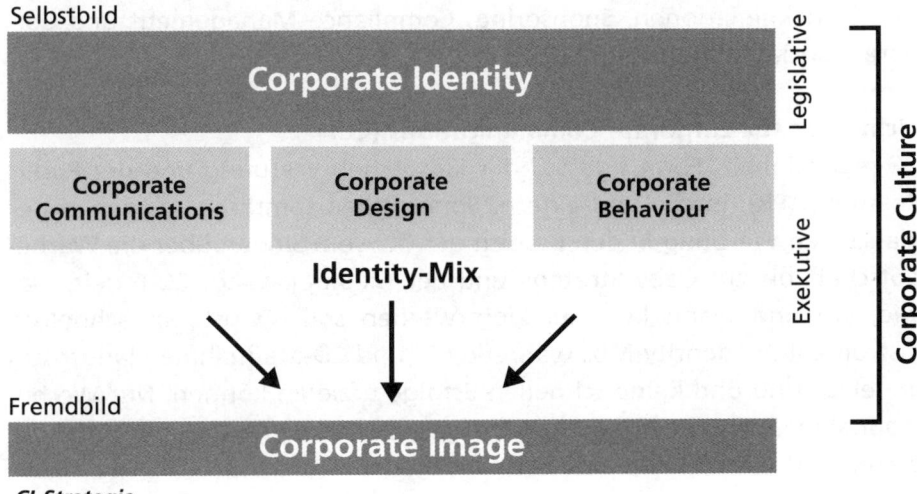

*CI-Strategie*

## Identity-Mix

CI beschreibt also die Werte und Ziele eines Unternehmens. Als Instrument der Umsetzung dienen verbindliche Umsetzungsrichtlinien, eingeteilt in drei Bereiche. Die Abstimmung dieser drei Umsetzungsbereiche nennt man Identity-Mix:

- Corporate Behaviour
- Corporate Communications
- Corporate Design

**Richtlinien für Corporate Behaviour (CB)**
CB regelt, wie sich das Unternehmen nach innen und nach außen verhalten soll; also wie mit Mitarbeitenden, KundInnen und LieferantInnen umgegangen wird, aber auch, wie sich das Unternehmen zu Kultur, Politik und Umweltschutz verhält.

Beispiele für CB-Richtlinien nach innen:
Führungsstil, Mitbestimmung, interne Kommunikation, Weiterbildung, Verbesserungswesen, Bonifikationen, Gender Mainstreaming, Konfliktlösung, Anti-Mobbing und Diversity Management

Beispiele für CB-Richtlinien nach außen:
Qualitätskontrolle, Kundendienst, Gewährleistung, Konditionen, Lieferfristen, Reklamationen, Sponsoring, Compliance Management und Corporate Social Responsibility (CSR)

**Richtlinien für Corporate Communications (CC)**
CC regelt Inhalt, Form und Stil der klassischen Werbung und der Public Relations (PR), intern und extern. Somit fallen sämtliche Aufgaben der klassischen Werbung in den Bereich der CC, vom Slogan über die Werbebotschaft bis zur Copy Strategy und der Mediaplanung. CC regelt, was wie, wo und wann kommuniziert werden soll. CC ist das schnellste Instrument im Identity-Mix, während CB- und CD-Maßnahmen langfristig angelegt sind und keine schnellen Erfolge erzielen können. Nur Werbemaßnahmen sind geeignet, kurzfristig auf Marktveränderungen zu reagieren und nur PR kann eine Krise meistern.

Unternehmenssprache
In jüngster Zeit gewinnt ein weiteres CC-Element an Bedeutung: die Unternehmenssprache. Pionier der Unternehmenssprache ist Hans-Peter Förster. Ende der 90er Jahre publizierte er sein Sprachstilmodell „Corporate Wording" (Hans-Peter Förster: Corporate Wording, Frankfurter Allgemeine Buch 2001). Förster unterscheidet vier verschiedene Empfängertypen, die eine differenzierte Ansprache erfordern. Er verlangt einen modernen Sprachstil, der verständlich ist und sich an den Erwartungen der jeweiligen Zielgruppe ausrichtet. Während Förster sich auf optimale Empfängerorientierung konzentriert, geht Armin Reins in seinem 2006 erschienenen Buch „Corporate Language" weiter: „... so wie eine Brand durch Corporate Design ein einheitliches grafisches Gesicht

bekommt, so verleiht ihr Corporate Language eine charakteristische, unverwechselbare Sprache." (Armin Reins: Corporate Language, Herrmann Schmidt, Mainz 2006). Reins beschreibt erfolgreiche Beispiele von unverwechselbarer Unternehmenssprache, aber er bleibt die Erklärung schuldig, wie denn eine solche Unternehmenssprache entwickelt werden kann.

Eine Antwort auf diese Frage gibt mein Buch „Corporate Code" (*Dunkl*, Springer Wiesbaden 2015). Corporate Code ist ein Werkzeug, um unternehmenstypischen Sprachstil zu entwickeln und ihn bei allen sprachlichen Äußerungen eines Unternehmens anzuwenden. Dazu dienen „Corporate-Code-Marker". Das sind linguistische Merkmale, die das Typische am Sprachstil eines Unternehmens ausmachen und es ermöglichen, sich auch in der Sprache vom Mitbewerb zu unterscheiden. Die Corporate-Code-Marker werden aus dem Leitbild abgeleitet, ähnlich den Entwurfskriterien im CD-Prozess.

*Corporate Sound* ist ein weiterer Unterbereich von CC und gestaltet in erster Linie Jingles, Wartemusik, Hintergrundmusik, aber auch Firmenhymnen oder produkttypische Verwendungsgeräusche.

**Richtlinien für Corporate Design (CD)**
CD regelt alle Fragen zur Gestaltung eines einheitlichen Firmenerscheinungsbildes. Die verbindlichen Gestaltungsrichtlinien werden im *CD-Manual* dokumentiert. Was wir von einem Unternehmen mit unseren Augen sehen können (Drucksorten, Fahrzeuge, Architektur, Verpackungen, Kleidung), fällt in die Kompetenz von CD. Auch der Bereich CC muss die prinzipiellen CD-Gestaltungsrichtlinien (siehe Kapitel Basisdesign, S. 81) respektieren.

# 1.2 CD wirkt nicht alleine

KundInnen, LieferantInnen und andere Außenstehende nehmen die CI eines Unternehmens am deutlichsten durch das wahr, was sie mit ihren Augen sehen, also durch das CD. So erklärt sich die ständige Verwechslung der Begriffe „CI" und „CD". Aber Verhalten und Kommunikation prägen die Identität einer Firma ebenso. Nur durch die optimale Abstimmung von CB, CC und CD ist die Umsetzung von CI möglich. Es genügt nicht, den Fuhrpark vom PKW bis zum Sattelschlepper einheitlich zu gestalten, ohne gleichzeitig den Fahrstil des Fahrpersonals zu schulen: Trotz perfektem, CD-konformem Styling kann unfaires Verhalten im Verkehr jede Bemühung der Werbeabteilung für ein besseres Image zunichte machen. Und selbst die ansprechendste Arbeitskleidung hilft nicht, den Umsatz zu steigern, wenn das Verkaufspersonal unfreundlich ist.

| | HALTUNG | PRODUKT | DISTRIBUTION | KUNDENDIENST | FUHRPARK |
|---|---|---|---|---|---|
| **CB** | Sprachstil | Recycling | Standort-wahl | Garantie-dauer | Fahrstil |
| **CC** | Werbestil | USP | Hintergrund-musik | Übersichtliche Kontaktdaten | Werbung auf LKW |
| **CD** | Logo | Package-design | Shopdesign | Formular-gestaltung | Fahrzeug-design |

*Beispiele für das Zusammenwirken der CI-Bereiche CB, CC und CD*

*Zum Beispiel vermittelt CB die Haltung des Unternehmens durch Regeln für den Sprachstil. CC kommuniziert die Firmenphilosophie über den Werbestil und den USP. CD visualisiert die Philosophie im Packagedesign.*

## 1.3 Für welche Bereiche ist CD zuständig?

Ein Unternehmen kommuniziert nach außen mit KundInnen und LieferantInnen und nach innen mit seinen Mitarbeitenden. Weiters aber auch mit Banken, JournalistInnen, Nachbarn, Bürgerinitiativen, Unterrichtenden, Gewerkschaften, PolitikerInnen und Behörden. Bei all diesen Stakeholdern möchte das Unternehmen seine Identität gewahrt wissen und sich optimal darstellen. Wann immer das Unternehmen in Erscheinung tritt, muss es sich von seiner besten Seite zeigen. Damit dies möglich wird, muss vor der eigentlichen CD-Entwicklung jeder Unternehmensbereich eigens analysiert werden, um passende Gestaltungsrichtlinien zu definieren. Am Ende eines CD-Prozesses gibt es für sämtliche Bereiche des Unternehmens klare Regelungen, wie sie graphisch gestaltet werden sollen.

Die Übergänge zwischen den CD-Bereichen sind fließend (siehe Abb. oben). Ein Lastwagen kann sowohl dem Produktionssektor (Logistik) als auch dem Kommunikationssektor zugerechnet werden, denn auf seinen Seitenwänden kann für das Unternehmen geworben werden (Werbemittel). Ebenso wird ein Notizblock, der vorerst als Organisationsmittel gelten mag, wenn er KundInnen überreicht wird, zum Werbemittel.

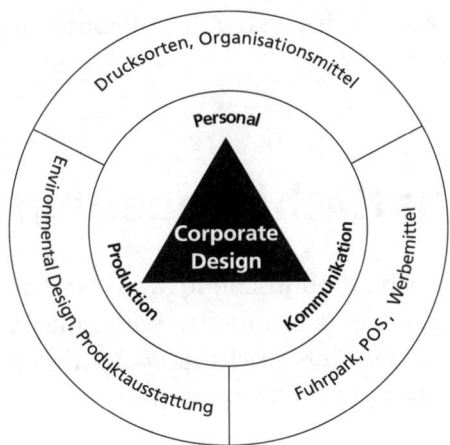

*CD als Gesamtheit aller optischen Erscheinungsformen*

# 1.4 Verantwortung für CD im Unternehmen

Obwohl das zuvor beschriebene CI-Modell in der Fachliteratur grundsätzlich unangefochten ist (es gibt höchstens Zuordnungsunterschiede auf der exekutiven Ebene, z. B., ob PR der CC untergeordnet ist oder gleichrangig), spiegelt es sich überraschenderweise nicht oder nur teilweise in der Organisationsstruktur von Unternehmen wider. Zumeist fehlt eine CI-Direktion, unter der drei gleichrangige CC-, CB- und CD-Stäbe angeordnet wären. In der Unternehmenspraxis werden CI-Entscheidungen auf höchster Ebene, also im Vorstand, getroffen. Dies gilt auch für grundsätzliche CC-, CD- und CB-Entscheidungen. CD ist also, zumindest am Beginn eines CD-Prozesses, „Chefsache".

Die Verantwortung für die Umsetzung eines CD-Programms liegt danach zumeist in den Händen der Marketingleitung. Bei Ministerien und anderen öffentlichen Einrichtungen und NGOs, in denen es normalerweise keine Marketingabteilung gibt, setzt die Presseabteilung ein CD-Programm um. Nicht angesiedelt werden darf CD in der Werbeabteilung, denn diese ist ausschließlich für die kurzlebigere CC zuständig. Die operative Umsetzung von CB-Richtlinien ist derzeit noch am uneinheitlichsten organisiert. CB-Richtlinien, welche betriebliche Weiterbildung oder den Führungsstil betreffen, werden zumeist von der Personalabteilung umgesetzt; andere CB-Bereiche, wie Corporate Language oder Kundendienst, von der Marketingabteilung und die CB-Bereiche Qualität und Garantiekonditionen vermutlich von der Technikabteilung.

# 2. Die wirtschaftliche Bedeutung von CD

CD ist keine oberflächliche Behübschung aus der Laune feinsinniger ChefInnen heraus, sondern eine langfristig wirkende Strategie. CD verleiht der Unternehmensphilosophie sichtbaren Ausdruck und beeinflusst durch visuelle Signale Markt und Mitarbeitende.

Eine im Jahr 1999 durchgeführte Marktforschungsstudie (*B. Koren*/Hrsg. init_cd, Corporate Design in Österreichs Unternehmen [Pilotstudie], Eigenverlag 1999) zeigt, dass CD-Maßnahmen genau dort wahrgenommen werden, wo sie wirken sollen: 74 % der befragten österreichischen Unternehmen haben auf die Frage, ob ihnen in letzter Zeit neue CD-Programme aufgefallen seien, geantwortet, dies bei ihren eigenen LieferantInnen oder KundInnen zu bemerken. 53 % bemerken CD-Maßnahmen bei internationalen Konzernen, ein deutlicher Hinweis, dass sich die Investition in ein CD-Programm auszahlt. Die Bereitschaft, in CD zu investieren, steigt mit der Unternehmensgröße. Während Betriebe mit fünf bis neun Beschäftigten ihr CD-Budget im Jahr 1999 mit maximal 7.300 Euro angaben, investierten Betriebe mit 49 und mehr Mitarbeitern mehr als 14.500 Euro.

Im Jahr 2011 hat der deutsche *Rat für Formgebung* (German Design Council) in einer Erhebung festgestellt, "dass produzierende Unternehmen, die eine klare Designstrategie verfolgen, im vergangenen Jahr im Umsatz sehr viel stärker gewachsen sind als der Branchendurchschnitt. Während der Umsatz im produzierenden Gewerbe, laut statistischem Bundesamt, durchschnittlich um 7,4 % im Jahr 2011 gestiegen ist, haben Unternehmen mit Designausrichtung im gleichen Zeitraum durchschnittlich ein Wachstum von bis zu 18 % erzielt. Damit ist das Wachstum mehr als doppelt so hoch ausgefallen wie bei den Wettbewerbern ohne erkennbare Designorientierung.

Auch besteht ein Zusammenhang zwischen dem strategischen Einsatz von Design und dem Unternehmenserfolg. Unter den designorientierten Unternehmen der aktuellen Erhebung befinden sich vornehmlich Unternehmen, die Design fokussiert einsetzen, das heißt, durch eine ganzheitliche, markenorientierte Designstrategie und einer daraus resultierenden einheitlichen und wiedererkennbaren Designsprache." (Rat für Formgebung: Wirtschaftlicher Erfolg durch Design-Fokussierung, Eigenverlag 2011)

## 2.1 CD ist ein Wettbewerbsfaktor

Praktisch jeder Wettbewerbsfaktor wird durch CD günstig beeinflusst:

**Preis**
KundInnen sind bereit, einen höheren Preis für ein Produkt oder eine Dienstleistung zu zahlen, wenn die Qualität des Angebots stimmt und sie einen nachvollziehbaren Vorteil gegenüber Konkurrenzangeboten bemerken. Erst das hochwertige Erscheinungsbild von Anbietern macht gute Qualität glaubwürdig. Aber auch eine Positionierung als preiswert erfordert ein entsprechend „günstiges" Design.

**Angebot**
KonsumentInnen sind heute meist gut über das Marktangebot informiert und wissen, was sie verlangen können. Das gilt besonders im B2B-Bereich. Moderne Produkte und Dienstleistungen verspricht man sich nur von Anbietern, deren Erscheinungsbild zeitgemäß gestaltet ist. Hat ein Unternehmen in innovative Herstellungstechnologie investiert, aber sein Erscheinungsbild nicht entsprechend angepasst, kann der neue Maschinenpark schnell zur Fehlinvestition werden. Moderne Leistungen brauchen ein modernes Erscheinungsbild.

Ein erfolgreiches Beispiel für solche CD-Maßnahmen ist die ehemalige *Manz'sche Druckerei Stein und Co.*, die sich von der klassischen Bogen-Offsetdruckerei zum Multimediadienstleister entwickelt hatte. Erst der Namenswechsel zu „Manz Crossmedia" und das entsprechend modernisierte Erscheinungsbild machten das neue Leistungsspektrum glaubwürdig.

## Präsenz

Die Konkurrenz wird immer größer. Um im lauten Konzert der Mitbewerber als SolistIn überhaupt wahrgenommen zu werden, ist ein auffälliges und unverwechselbares Äußeres Voraussetzung. Wer aussieht wie alle anderen seiner Branche, wird übersehen. Durch einprägsames CD wird die tatsächliche Präsenz sogar überschätzt: Der Wiener Blumenhändler *Kurz* verfügt nur über einen einzigen Kleinbus, der jedoch so auffällig gestaltet ist, dass Passanten jedes Mal, wenn sie ihn vorbeifahren sehen, sagen: „Schon wieder ein LKW von Kurz!", denn sie glauben, er verfüge über einen ganzen Fuhrpark. (Siehe S. 58)

## Erinnerung

Ein gut gestaltetes Logo bringt hohe Erinnerungswerte und ist für KundInnen in einem Branchenverzeichnis oder in einem Aktenordner schneller zu finden. Auch die Wirkung eines Inserats wird verstärkt, wenn nach dem Werbekontakt eine Einkaufstasche im Blickfeld der Zielgruppe auftaucht, auf der deutlich das Logo des werbenden Unternehmens prangt.

## Personalsuche (Employer Branding)

Hochwertiges CD funktioniert auch als Wettbewerbsfaktor auf dem Personalmarkt. Unternehmen mit professionellem CD haben es leichter, leistungsbereiten und karrierehungrigen Nachwuchs zu finden, weil Studierende oder Schulabgänger bei ihrer Stellensuche zuerst Arbeitgeber aufsuchen, die ihnen durch ein starkes Erscheinungsbild auffallen.

Wenn Mitarbeitende stolz darauf sind, einer Firma mit gutem CD anzugehören, demonstrieren sie das, indem sie Anstecknadeln oder Autoaufkleber mit „ihrem" Firmenlogo verwenden. Solche bestens motivierte Mitarbeitende lassen sich nicht leicht von der Konkurrenz abwerben.

## Kostenreduktion

CD ist eine Investition, die sich durch schnelles Produzieren und problemloses Handhaben aller CD-Elemente rechnet. Es muss nicht für jedes neue CD-Element eine neue Gestaltung entwickelt werden, denn das CD-Programm bietet befähigten GestalterInnen, wie ein Baukasten, Bestandteile und Layoutregeln zum raschen Erstellen neuer Anwendungen. Ausgelagerte Filialen oder untergeordnete Abteilungen können selbstständig Drucksorten produzieren, ohne das Management zu belasten, bei gleichzeitiger Gewähr, dass alles perfekt ins gesamte Erscheinungsbild passt.

### Synergieeffekte

Vor Beginn der eigentlichen CD-Entwicklung werden sämtliche bestehenden CD-Elemente eingehend analysiert und auf Verbesserungsmöglichkeiten geprüft. So lassen sich durch das Optimieren von Formularen Arbeitsabläufe verkürzen, und manches überflüssige Formular lässt sich gleich ganz abschaffen. Oft hat sich im Laufe der Zeit eine Vielzahl von nebeneinander verwendeten unterschiedlichen Kuvertformaten, PowerPointvorlagen etc. angesammelt, die durch ein CD-Programm auf ein vernünftiges Ausmaß reduziert werden können.

## 2.2 CD als Wertfaktor

### Markenwert

Wenn Unternehmen als solche verkauft werden, spielt nicht selten das Logo als Repräsentant der Marke die wichtigste Rolle bei der Unternehmensbewertung. (Auf das Thema Marke und Markenarchitektur wird im Exkurs auf S. 91 eingegangen.) Beispiele sind der österreichische Skihersteller *Atomic* oder der Motorradhersteller *KTM,* wo alle anderen Unternehmensbestandteile wie Maschinen, Gebäude etc. längst veraltet waren. Alles, was die Kaufwilligen interessierte und wofür sie bereit waren, hohe Summen auszugeben, waren die Markenrechte, also die Verwendung des gut eingeführten und jedermann bekannten Logos!

### Franchiseleistung

Ein CD-Programm ist für Franchisegeber wesentlicher Bestandteil des Franchisevertrages, für das die Franchisenehmer Lizenzgebühren bezahlen müssen. Bei vielen Franchisesystemen sind weniger deren Leistungsmerkmale interessant als alleine das Recht, das attraktive Logo des Franchisgebers verwenden zu dürfen. Bei Franchiseunternehmen zeigt sich der Investitionscharakter von CD besonders deutlich, denn die Kosten des Franchisegebers für die CD-Entwicklung sind durch die Lizenzgebühren bald wieder hereingebracht.

### Börsengang

Ohne professionelles CD ist der Gang an die Börse undenkbar. InvestorInnen, die ihr gutes Geld für Aktien ausgeben sollen, müssen dem Unternehmen Vertrauen entgegenbringen. Gutes CD vermittelt Vertrauen. Es gibt Unternehmen, wie den österreichischen Mineralölkonzern

OMV, die jahrelang ohne einheitliches Erscheinungsbild dahinwerkten, das Going Public aber zum Anlass nahmen, ein wirkungsvolles CD-Programm durchzuführen.

### Krisensicherheit

Unternehmen, die in besseren Zeiten CD entwickelt und umgesetzt haben, können in schlechteren Zeiten, in denen weniger Werbebudget zur Verfügung steht, von den langanhaltenden Imageeffekten aus ihrem CD-Programm profitieren. Sie betreiben bereits nur durch ihre visuelle Präsenz Werbung für sich: Wenn aus Budgetgründen an der Werbung gespart wird und zeitweise kein Inserat oder Plakat erscheint, gewährleisten einheitlich und auffällig gestaltete Gebäude, Fahrzeuge und Tragetaschen weiterhin Präsenz in der Öffentlichkeit.

## 2.3 Lebensdauer von CD

### Wie lange „hält" CD?

Ist ein gut gestaltetes Logo ewig gültig? Auch wenn heute manches bekannte Logo scheinbar immer noch so aussieht wie vor 50 oder mehr Jahren, wurde es wahrscheinlich im Laufe der Zeit immer wieder überarbeitet. Wenn allerdings das Logo und das gesamte Basisdesign durch einen radikalen Schnitt einer deutlich sichtbaren Korrektur unterzogen wurden, spricht man von *Redesign* oder *Rebranding*. (Ab S. 77 wird auf die Besonderheiten beim Entwerfen eines Redesigns eingegangen.)

Bei eigentümergeführten Unternehmen hält CD im Idealfall eine ganze Unternehmergeneration. Spätestens bei Übernahme durch die nächste Generation wird ein Redesign nötig. Wenn aber zwischenzeitlich gravierende Änderungen, z. B. im Angebot oder in der Produktionsweise, stattfinden, muss sich das im Erscheinungsbild entsprechend niederschlagen. In Kapitel 1.1 wurde beschrieben, dass CD die Identität des Unternehmens sichtbar macht. Wenn sich die Identität ändert, muss sich auch das CD anpassen.

### Nachjustieren oder Redesign?

Unternehmen werden durch interne und externe Einflussfaktoren geprägt, die Auswirkung auf die CI haben und somit auf das CD. Nicht nur unsere Gesellschaft, sondern auch Unternehmen unterliegen einem permanenten Wandel. Es ist die Entscheidung der Firmenleitung, ob mit sanften Reformen darauf reagiert oder auf Revolution gewartet werden soll. Permanentes behutsames Nachjustieren kann den radikalen Schnitt eines kompletten Redesigns ersparen, denn es gibt eine Reihe von Einflussfaktoren, die Anpassungsmaßnahmen für das CD erforderlich machen können.

**Anlässe für Redesign**
Gesellschaftlicher Wandel:
- kritischere KonsumentInnen
- steigende Konkurrenz
- innovative Produkte oder Dienstleistungen
- strengere gesetzliche Bedingungen
- gestiegenes gesellschaftliches Bewusstsein (Ethik, Umwelt)
- veränderter Zeitgeist
- neue Kommunikationskanäle (Responsive Screendesign, Social Media)

Interner Wandel:
- neue Zielgruppen
- neue Produkte oder Dienstleistungen
- neue Produktionstechnologien
- neue Distributionskanäle
- Privatisierung
- Börsengang
- Firmenzusammenlegung, Fusion
- Generationswechsel
- Besitzerwechsel

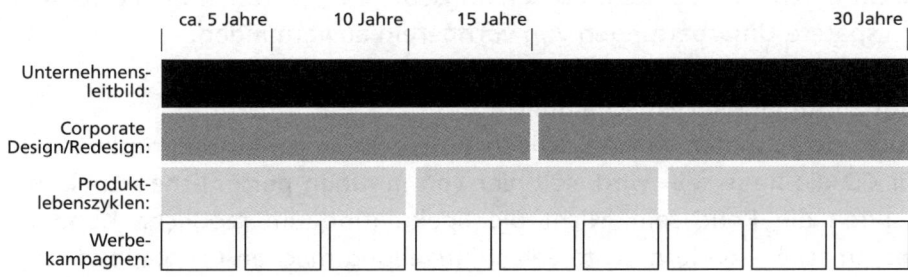

*Lebensdauer von CD*

*Die Darstellung ist natürlich stark verallgemeinernd, aber verdeutlicht die unterschiedliche Bedeutung von Werbemaßnahmen und Corporate-Design-Entscheidungen.*

# 3. Die Voraussetzungen für CD

CD trägt wesentlich dazu bei, Unternehmensziele zu erreichen, und muss daher gewissenhaft vorbereitet und durchgeführt werden. Nur wenn seitens der EigentümerInnen und des Managements der Wille zu Veränderung und Durchhaltevermögen vorhanden sind, kann CD erfolgreich eingesetzt werden. Leider wird zu oft lediglich ein neues Logo entwickelt und auf Visitenkarten und Briefpapieren umgesetzt, aber bei der weiteren Umsetzung des Erscheinungsbildes (beispielsweise im Corporate Publishing oder beim Fuhrpark) geht dann die Luft aus. Auch das in großen Unternehmen erforderliche Coaching der Mitarbeitenden, bei dem die Verwendung des CD-Manuals trainiert wird, findet zu selten statt.

## 3.1 Klientenseitige Voraussetzungen

### CD ist Sache der Chefin oder des Chefs

CD gestaltet die Unternehmenspersönlichkeit. Bei eigentümergeführten Unternehmen sind *Unternehmens*-Persönlichkeit und *Unternehmer*-Persönlichkeit ident. Wenn solche Firmen Kleinbetriebe sind, genügt zum Kennenlernen der Unternehmensphilosophie ein ausführliches Gespräch mit der Eigentümerin oder dem Eigentümer. Wird das Unternehmen dagegen von Managern geführt, ist die einheitliche Meinung von EigentümerIn, Vorstand und Management Voraussetzung. In meiner Praxis traf ich auch auf MarketingmanagerInnen, die CD im Alleingang durchziehen wollten, um sich bei EigentümerIn oder Geschäftsleitung zu profilieren. Der Auftrag und das Basisbriefing müssen jedoch immer direkt durch die höchste Entscheidungsebene im Unternehmen erfolgen, um spätere Umarbeitungen von vornherein zu vermeiden.

### Mut zu subjektiver Entscheidung

Auch wenn später von objektiven Entwurfs- und Beurteilungskriterien für CD die Rede sein wird, soll hier von mutigen persönlichen Entscheidungen die Rede sein. Nicht die Spekulation um mögliche Kundengeschmäcker, sondern echte Selbstdarstellung machen CD glaubwürdig. Es wäre ein Fehler, die Auswahl von Logovarianten durch ein Mitarbeitervotum zu treffen. CD stellt das Unternehmen in seiner Einzigartigkeit und Unverwechselbarkeit dar. Erfolgreiche Unternehmer und mutige

Managemententscheidungen prägen das Gesicht einer Firma.

Gerhard Goll, Vorstandsvorsitzender des Energiekonzerns *EnBW*, sagt zur Entstehung des EnBW-Logos:

*„Der größte Trick an dem Logo ist dieses n. Dieses kleine n hat zu einem Aufschrei bei den Eigentümern geführt, die wollten partout das Kürzel EBW behalten. Dass es Ärger geben würde, war mir klar. In meiner früheren Tätigkeit hatte ich das Wortungetüm Landeskreditbank Baden-Württemberg durch das Kürzel L-Bank ersetzt. Auch damals gab es Ärger. Und dennoch erwies sich die Entscheidung als richtig." (Bernd Kreutz: Also ich glaube Strom ist gelb: Über die Kunst, Konzerne Farbe bekennen zu lassen. Ostfildern-Ruit: Hatje Cantz, 2000)*

*Logo EnBW*

Den gleichen Mut bewies Vorstandsvorsitzender Goll, als er den revolutionären Vorschlag seines CD-Beraters Bernd Kreutz akzeptierte, der Privatvertriebsschiene der EnBW den Namen *Yello* zu verleihen. Dass EnBW heute zu den erfolgreichsten Energieunternehmen Europas gehört, ist sicher auch den auffälligen CD-Programmen zu verdanken.

*Logo Yello*

### Der CD-Prozess braucht Zeit

CD muss langfristig funktionieren. Nur gewissenhafte Vorbereitung und das Einhalten aller Schritte des CD-Prozesses garantieren den Erfolg. Für die Entwicklung eines CD muss daher ausreichend Zeit vorgesehen werden. Je nachdem, wie viele Personen in grundsätzliche CD-Entscheidungen eingebunden sind, dauert der CD-Prozess (ohne vorhergehende CI-Arbeit) zwischen drei Monaten und einem Jahr.

### Wille zur Veränderung

CD ist mehr als ein Logo. Nur die konsequente Anwendung der Gestaltungsregeln bis in den letzten Winkel des Unternehmens gewährleistet ein einheitliches Erscheinungsbild. Um diese Einheitlichkeit zu erzielen, kann es für manche Mitarbeitende oft auch notwendig sein, auf liebgewonnene Gewohnheiten zu verzichten, wenn sie den neuen Gestaltungsrichtlinien widersprechen: in der Korrespondenz, bei der internen Kommunikation oder der Kleidung. Es ist unverständlich, warum in einigen Unternehmen noch Restbestände von Briefbögen oder Werbegeschenken mit alten Logos aufgebraucht werden, nachdem in das neue CD-Programm große Summen investiert worden sind!

### Bereitschaft zur Investition

CD ist nicht billig. Nicht nur die Kreation, sondern auch die Umsetzung muss kalkuliert werden. So ist es sinnlos, Prospekte in der neuen Hausschrift setzen zu lassen und dann Preislisten in den Allerweltsschriften „Times" oder „Arial" auszudrucken, nur weil man die Investition in einen neuen Font für die eigenen Computer scheut.

Die weitverbreitete Scheu von KlientInnen, den gesamten Fuhrpark nach den neuen Gestaltungsrichtlinien umzugestalten, ist unbegründet. Man betrachte doch Lieferfahrzeuge als das, was sie unter kommunikativem Gesichtspunkt sind: rollende Plakatwände. Und dann vergleiche man die Kosten für eine entsprechende Plakatierungsaktion!

Auch ein Redesign erfordert prinzipiell die gleichen Investitionen wie ein neu erarbeitetes CD-Programm; jedoch müssen die CD-Elemente nicht schlagartig umgesetzt werden, da gutes Redesign sich durch seine Verträglichkeit mit dem alten Erscheinungsbild auszeichnet. Das ermöglicht einer Handelskette beispielsweise das Nebeneinander von neugestalteten Filialen und Filialen im alten Design während einer definierten Übergangsphase.

### Corporate Identity oder CI light

Die einzig richtige Ausgangsbasis und Briefinggrundlage für ein CD-Projekt ist CI. Im Leitbild (also der niedergeschriebenen Form der CI) sind die

Werte des Unternehmens definiert und die Ziele, welche das Unternehmen ansteuert. Fehlt ein Leitbild als Basis, muss dieser Schritt unbedingt nachgeholt werden, bevor mit der Entwicklung des CD begonnen werden kann. Natürlich ist bei Kleinunternehmen kein ausführlicher CI-Prozess notwendig, hier genügt es, wenn CD-BeraterInnen das Unternehmen und sein Umfeld sorgfältig recherchieren (siehe Recherchen, S. 62) und sich einen Nachmittag Zeit nehmen, um mit den Auftraggebenden ein ausführliches Gespräch zu führen. Diese CI-Erhebung bei Kleinunternehmen könnte man auch „CI light" nennen. Ergebnis des Gesprächs sind die Kernwerte und Besonderheiten des Kleinunternehmens.

**Checklist CI light:**
- Motivation, Ziel: Warum wurde das Unternehmen gegründet, was bietet das Unternehmen den Zielgruppen?
- Produkte und Produktionsweise:
  USP, Reason-Why und Consumer Benefit, Preisniveau,
  Markenportfolio, Umweltschutz
- Kunden: Bedürfnisse, Struktur
- Mitarbeiter: Qualifikation, Struktur
- Konkurrenz:
  USP und Consumer Benefit, Preisniveau, Sortimentsgliederung
- LieferantInnen: CD, Qualifikation
- Kultur: Führungsverhalten, Weiterbildung, Kundendienst
- Bisheriges CD, bisherige Werbe- und PR-Maßnahmen
- Persönliche Vision des Auftraggebenden

Die Umsetzung eines CD-Programmes misslingt natürlich auch, wenn der falsche Kreativpartner gewählt wurde. Nur erfahrene und spezialisierte Designerinnen und Designer können funktionierende CD-Programme entwickeln.

# 3.2 Beraterseitige Voraussetzungen

CD-BeraterInnen müssen bereit sein, auf künstlerische Selbstverwirklichung zu verzichten und sich umfassend mit den Bedürfnissen von Klienten und der Beschaffenheit des Marktes auseinanderzusetzen. CD ist nur selten

Ergebnis genial spielerischer Geistesblitze, sondern meistens das Resultat harter Arbeit.

### CD braucht Zeit

Das haben wir bereits vom Auftraggebenden gefordert. Umso mehr gilt es für CD-Agenturen. CD kann nicht „über Nacht" entstehen. CD-Berater-Innen müssen sich vor Beginn der eigentlichen Kreation ausführlich mit dem Unternehmen und dessen Umfeld befassen, es nach innen und außen analysieren und herausfinden, wie sich der nationale Mitbewerb präsentiert und wie internationale Vergleichsbeispiele aussehen.

Jede formale Lösung muss immer wieder auf mögliche Alternativen untersucht werden. Voreilige Gestaltungsentscheidungen, die Mängel enthalten, haben weitreichende Folgen, schließlich kann man nicht schon nach kurzer Zeit wieder ein Redesign durchführen. Formfehler in einer Werbekampagne lassen sich bei der nächsten Kampagne verbessern, aber die Lichtwerbeanlage auf dem Dach der Konzernzentrale soll viele Jahre hindurch leuchten und kann nicht ständig ausgewechselt werden.

### CD nur vom Profi

CD-BeraterInnen sind Grafikdesigner, die über eine fundierte Ausbildung an einer hoch spezialisierten Designausbildungsstätte verfügen. Ihre weitere Qualifikation für Corporate Design haben sie über zusätzliche Kurse erworben und durch die Erfahrung zahlreicher CD-Prozesse. Ihr Wissen beschränkt sich nicht nur auf Form, Komposition, Typografie, Farbpsychologie und Kunstgeschichte, sondern besteht auch aus weitreichenden publizistischen, volkswirtschaftlichen und betriebswirtschaftlichen Kenntnissen, insbesondere des Marketing.

ihre Kompetenz müssen ein CD-BeraterInnen durch Referenzen belegen können. Dabei haben auch neu gegründete Agenturen eine Chance, denn  sie können ihre Kompetenz durch die führende Mitarbeit an CD-Projekten bei ihren früheren Arbeitgebern unter Beweis stellen.

### CD ist Teamwork

Der komplexe Prozess beim Erarbeiten eines CD erfordert CD-BeraterInnen, die auf die Vorstellungen ihrer Klienten eingehen können. Sie müssen sensibel gegenüber den Anforderungen aller Unternehmensbereiche sein, sonst lassen sich CD-Programme nicht problemlos in allen Bereichen anwenden. CD-BeraterInnen dürfen nicht isoliert in ihren Studios vor sich hinarbeiten, sondern müssen kooperative Teilnehmende in CD-Arbeitsgruppen sein. Und sie müssen mit anderen PartnerInnen des Prozesses umgehen können.

Externe PartnerInnen im CD-Prozess:
- Marktforschung
- Unternehmensberatung
- Marketingberatung
- Rechtsanwaltskanzlei
- Webagentur
- App-EntwicklerInnen
- (Innen-)Architekturbüro
- Druckerei
- PR-Agentur
- Werbeagentur
- Schilderhersteller
- IllustratorInnen

Nicht der geniale Künstlertyp ist gefragt, sondern BeraterInnen mit Einfühlungsvermögen und Fähigkeit zur Kommunikation.

**CD ist kreativ (also doch!)**
Natürlich müssen CD-BeraterInnen auch kreativ sein. Kreativität bedeutet aber nicht, verrückte Ideen am laufenden Band zu produzieren, sondern Lösungen zu finden, die alle gestellten Aufgaben lösen können und gleichzeitig einzigartig und unverwechselbar sind. Kreativität bedeutet die Fähigkeit, neue und überraschende Antworten auf alte Fragen geben zu können. Dazu müssen GestalterInnen über Ideenreichtum verfügen und gleichzeitig analytisch denken können. Die formalästhetische Qualität ist dabei eine selbstverständliche Voraussetzung.

**Logos aus dem Web?**
Wie in allen Branchen machen Billiganbieter im Web den klassischen Designstudios Konkurrenz. Auch wenn manche dieser Onlinedienste mit mehrstufigen Frage-Antwort-Schritten suggerieren, sie würden auf die individuellen Bedürfnisse der Klienten eingehen, produzieren sie nur durchschnittliche Ergebnisse. Auch Internetplattformen, auf denen man für eine beschämend geringe Summe eine Art Wettbewerb unter DesignerInnen veranstalten kann, bringen keine passenden Lösungen. Soche Logos sind austauschbar, und es mangelt ihnen vor allem an der Systemfähigkeit; sie lassen sich z. B. nur schwer schwarz-weiß umsetzen oder es fehlt ihnen die für eine Markenregistrierung erforderliche Unverwechselbarkeit (siehe S. 95).

# 3.3 Was ist gutes CD?

Nachdem wir definiert haben, was prinzipiell unter CD zu verstehen ist, müssen wir nun untersuchen, was gut gestaltetes CD eigentlich ausmacht. Im Jahr 2008 beschloss der Vorstand von designaustria (Berufs-, Service- und Interessenvertretung österreichischer DesignerInnen) „Qualitätsstandards für Corporate Design". Die Standards wurden von der initiative corporate design (init_cd, einem expert cluster von designaustria), erarbeitet. Mitglieder von designaustria, deren Spezialgebiet CD ist, sind verpflichtet, diese Qualitätsstandards einzuhalten. „Durch die Regelung der Präsentations- und Übergabedaten soll die kontinuierliche Steigerung der Professionalität der österreichischen Designlandschaft sichergestellt werden" (init_cd: Qualitätsstandards für Corporate Design, designaustria/Creative Industries Styria, 2010). Solche CD-Agenturen dürfen das Qualitätssiegel für Corporate Design verwenden.

**Qualitätsstandards für Corporate Design nach init_cd**

**Das Logo**
- ist formal eigenständig
- beinhaltet eine nachvollziehbare Idee
- spiegelt die Unternehmensidentität wider
- ist umsetzbar für alle erforderliche Elemente des Corporate Designs (Stempel oder Internet, klein oder groß, farbig oder schwarz-weiß, ...)
- hat formale Qualität
- ist unverwechselbar
- ist prägnant
- ist langlebig
- ist international
- ist branchentypisch (»riecht« nach der Branche)

Diese Bewertungskriterien müssen nach kundenspezifischen Anforderungen gewichtet werden.

**Corporate Type**
- passt zum Unternehmenscharakter
- lässt sich in die vorhandene Infrastruktur integrieren (Computer, Drucker und andere Ausgabegeräte können damit arbeiten)
- ist für Windows, Linux und MacOS verfügbar (Truetype- und Type1- oder Open-Type-Versionen)

- ist am Bildschirm lesbar
- ist für Tabellensatz geeignet
  (Tabellen- bzw. Versalziffern verfügbar)
- ist mengensatztauglich
- verfügt über eine ausreichende Anzahl von Schriftschnitten für
  Auszeichnungen, Hervorhebungen und Gliederungen
  (Überschriften, Fußnoten, Bildlegenden usw.)
- verfügt über typografische Sonderzeichen und Ligaturen
  (Expert-Sets, Mediävalziffern)
- verfügt über sprachspezifischen Zeichensatz (z. B. kyrillisch)
- erlaubt mit der Laufweite der Schrift optimale Flächennutzung
- ist auf die Logotypografie abgestimmt

## Corporate Colour
- ist stimmig zum Unternehmen (atmosphärisch, gefühlsmäßig)
- ist strategisch sinnvoll (z. B. Abgrenzung zum Mitbewerb)
- stimmt in verschiedenen technischen Umsetzungen oder auf
  verschiedenen Untergründen und in verschiedenen Druckverfahren
  höchstmöglich überein (z. B. Leuchtwerbung, gestrichenes und
  ungestrichenes Papier, Kunststoff, Blech usw.)
- ist in unterschiedlichen Farbsystemen definierbar
  (z. B. Pantone, HKS, CMYK, RAL, Scotchcal, Plexiglas usw.)

## Sekundäre Stilelemente
- sind weitläufig einsetzbar
- sind stimmig zum Unternehmen

## Das Ordnungsprinzip
- ist nachvollziehbar
- ist anwendbar auf alle Flächengestaltungen
  (nicht nur auf Bürodrucksorten, sondern z. B. auch auf Broschüren,
  Wegweisern, Website, Powerpoint-Folien usw.)

## CD-Manual
Die Qualität eines CD-Manuals erkennt man:
- an der Genauigkeit und Detailliertheit der Beschreibung
- an der Verständlichkeit des Textes und der Abbildungen
- an der Anschaulichkeit und Nachvollziehbarkeit

# 4. Das CD-Budget

Eine entscheidende Voraussetzung für den CD-Prozess ist ein entsprechendes Budget, denn die Dauer des CD-Prozesses, die Qualifikation der CD-BeraterInnen und die in der Folge notwendigen Umsetzungsmaßnahmen bringen natürlich Kosten mit sich. Durch die Einmaligkeit eines CD-Pro-jekts versteht sich von selbst, dass die notwendigen Budgetmittel nicht aus dem Marketing- oder gar Werbebudget abzweigbar sind. Schließlich müssen die üblichen Marketing- und Werbeaktivitäten ja ungeachtet des CD-Projekts parallel weiterlaufen. Für die Entwicklung von CD muss ein eigenes Budget eingerichtet werden. Ein Großteil der notwendigen Umsetzungen kann danach verschiedene Abteilungsbudgets belasten, da ja auch ohne CD-Programm Fahrzeuge lackiert, Möbel beschafft und Websites aktuell gehalten werden müssen.

## 4.1 Honorare

Bei CD-Leistungen handelt es sich, sobald grafische Entwürfe betroffen sind, um Werke im Sinne des Urheberrechts. Die Leistungen von CD-Agenturen werden im Werkvertrag erbracht und in Form von Honoraren verrechnet. Grundlage der Honorarverrechnung ist in den seltensten Fällen eine Zeitgebühr; normalerweise werden die Leistungen einzeln aufgezählt und verrechnet.

Bis zum Jahrtausendwechsel gab es in Österreich Honorarrichtlinien, die von der Bundeswirtschaftskammer gemeinsam mit designaustria, dem Interessenverband Grafikdesign, herausgegeben wurden. Aus kartellrechtlichen Gründen dürfen sie nicht weiter publiziert werden. Preise für CD-Leistungen bilden sich heute auf dem freien Markt.

Honorare für CD-Leistungen werden, dem Ablauf des Entwicklungsprozesses logisch folgend, in Kosten für den Entwurf, die Ausarbeitung, die Rechte und die Nebenleistungen aufgeteilt.

**Entwurfskosten**
Mit den Entwurfskosten (auch Layout- oder Präsentationskosten) werden eigenschöpferische Leistungen, also geistige Arbeit, bezahlt.

Entwurfsarbeit geschieht immer individuell und im Auftrag für ein bestimmtes Unternehmen. Auftraggebende befinden sich im Irrtum, wenn sie glauben, im Rahmen einer Ausschreibung kostenfrei Entwürfe („Ideenansätze") von Designerinnen verlangen zu können. Niemals ist der Entwurf eine abrufbare Schubladenlösung. Für Laien mag es überraschend sein, wenn sich in den Offerten oder Abrechnungen eines CD-Projekts bei jeder einzelnen Anwendung die Position „Entwurf" findet, aber auch bei der kleinsten Visitenkarte oder bei einem gewöhnlichen Stempel sind viele Gestaltungsvarianten möglich und müssen überprüft werden: Schriftgrößen, Schriftschnitte, Textausrichtungen, Achsen und die Logoposition.

Mit dem Entwurfshonorar wird nur die Gestaltungsleistung bezahlt, nicht jedoch das Recht zur Verwendung des Entwurfes, welches extra ausgewiesen wird (Werknutzungsrechte, S. 38).

**Ausarbeitungskosten**
Die Ausarbeitungskosten (auch Reinzeichnungs- oder Reinausführungskosten) beinhalten die druckreife Ausführung eines Entwurfs als elektronische Datei, zumeist als PDF bzw. JPEG- oder PNG-Dateien zur Onlinepublikation.

Nicht enthalten in den Kosten sind Fotobearbeitungen (z.B. Freistellungen, Tonwertänderungen oder Fotomontagen). Solche Abbildungen in Entwürfen haben lediglich Layoutqualität. Für Druckzwecke müssen Fotos in der Druckvorstufe (also in der Druckerei) häufig noch optimiert werden. Auch die Veröffentlichungsrechte für Fotos oder Illustrationen werden extra verrechnet bzw. sind vom Auftraggebenden zu beschaffen.

Selbst wenn ein Entwurf zu Präsentationszwecken für Klienten zur besseren Veranschaulichung farbig und in Originalgröße ausgedruckt wird, so sind bei der Ausarbeitung dennoch viele technische Details, die für den problemlosen Druck oder Screeneinsatz notwendig sind, zu erledigen (Definition der Farbzusammensetzung, Schnittmarken etc.). Die Vorstellung, ein Entwurf werde heutzutage ohnehin auf dem Computer erstellt, daher seien Entwurf und Reinzeichnung dasselbe, ist falsch.

Bei der Gestaltung von Briefbögen ist zu beachten, dass, zumeist zusätzlich zur offerierten Druckreinzeichnung, MS-Word-Templates für die

Korrespondenzmasken benötigt werden. Solche Templates sind nicht automatisch Bestandteil der sogenannten „Reinzeichnung". Das gilt auch für Powerpointfolien oder Webdesign: Programmierung ist normalerweise nicht Aufgabe der CD-Agentur, sondern wird von externen LieferantInnen zugekauft und allenfalls extra im Offert ausgewiesen (siehe Nebenleistungen weiter unten).

### Werknutzungsrechte

Mit der Bezahlung von Entwurf und Ausarbeitung hat das Unternehmen jedoch noch nicht das Recht zur Veröffentlichung erworben. Erst die Bezahlung der Werknutzungsrechte ermöglicht die Nutzung des Entwurfs. Je nach Vereinbarung kann das Werknutzungsrecht zeitlich oder örtlich begrenzt vereinbart werden. Beispielsweise wird ein regional wirkender Tischlereibetrieb keine internationalen Werknutzungsrechte benötigen und, indem er der CD-Agentur nur ein national begrenztes Nutzungsrecht bezahlt, CD kostengünstiger einkaufen als ein multinational agierender Konzern, der wesentlich teurere internationale Nutzungsrechte bezahlen muss.

Auch wenn manche Designofferte auf den ersten Blick aussehen, als würden sie gar keine Nutzungsrechte enthalten, da nur ein einziger Betrag pro Designelement aufscheint, wurden natürlich auch hier Entwurfs-, Ausarbeitungskosten und Rechte anteilig eingerechnet nur dass diese nicht gesondert ausgewiesen werden. Solches Verschleiern der Honorarbestandteile ist nicht sinnvoll, da auf diese Weise das Offert oder die Honorarnote wesentlich an Transparenz verliert.

Im Sonderfall eines geladenen Wettbewerbs müssen die Werknutzungsrechte deutlich höher angesetzt werden als bei einer direkten Auftragsvergabe, damit der Anreiz, das Wettbewerbsrisiko (mit vergleichsweise extrem niedrigem Entwurfshonorar, dem sogenannten „Ablehnungshonorar") einzugehen, attraktiv genug ist.

### Warum „Werknutzungsrecht" statt „Copyright"?

„Copyright" ist der englische Begriff für Urheberrecht. Grafische Entwürfe sind per Gesetz durch das Urheberrecht geschützt. Das Urheberrecht sagt aus, welche Rechte SchöpferInnen eines Werks haben. Das Urheberrecht ist ein sogenanntes unverbrieftes Schutzrecht, das heißt, eine Registrierung ist für UrheberInnen nicht notwendig. Um ein urheberrechtlich geschütztes Werk zu verwenden, also es zu nutzen, müssen der Urheberin oder dem Urheber Werknutzungsrechte abgegolten werden. Nicht das Urheberrecht selbst ist also veräußerlich, sondern nur die Werknutzungsrechte. Wie man nach dem Erwerb dieser Nutzungsrechte seine Marke schützen lassen kann, wird weiter unten im Kapitel 7.1 Markenregistrierung be-schrieben.

Die Aufgliederung eines Offerts in Entwurf, Ausarbeitung und Rechte bringt Auftraggebenden auch einen großen Vorteil, denn im Rahmen eines CD-Programms gibt es immer wieder Entwürfe, die aus verschiedenen Gründen nicht zur Verwendung gelangen. Auftraggebende müssen dann nur den Entwurfsanteil des Honorars bezahlen, nicht aber die Nutzungsrechte für nicht verwendete CD-Elemente.

Die Werknutzungsrechte werden in der Praxis meist zusammen mit den Ausarbeitungskosten angeboten und verrechnet, sodass zu jeder Offertposition zwei Beträge gehören: erstens der Entwurf und zweitens die Reinzeichnung + Rechte (siehe Offertbeispiel weiter unten).

**Ein Tipp für junge Unternehmen: eingeschränkte Werknutzungsrechte**
Junge Unternehmen benötigen dringend professionelles CD, da sie sich erst einmal am Markt bemerkbar machen müssen. Leider übersehen viele hoffnungsvolle Newcomer bei der Erstellung ihres Businessplans die Notwendigkeit dieser Investition. Und gerade in der Gründungsphase sind die finanziellen Mittel knapp. CD-Agenturen können hier Mitverantwortung übernehmen, indem sie, nach Bezahlung des Entwurfs und der Ausarbeitung, vorerst nur die Werknutzungsrechte für das erste Geschäftsjahr verrechnen. Ist das Unternehmenskonzept erfolgreich und das junge Unternehmen besteht weiter, kommen erst im Folgejahr die Werknutzungsrechte für das oder die folgenden Jahre zur Verrechnung (zeitliche Begrenzung der Werknutzungsrechte).

Auch räumliche Begrenzung kann ähnlich wie eine Ratenzahlung wirken: Die Werknutzungsrechte werden vorerst nur für die nationale Verwendung berechnet; erst später, bei erfolgreicher Expansion ins Ausland, werden die internationalen Werknutzungsrechte fakturiert. Sollte aber das Unternehmen wider Erwarten kein zweites Jahr erleben oder die erhoffte Expansion ausbleiben, musste in das CD-Programm wenigstens nur ein Minimum investiert werden. Im Unterschied zu einer Ratenzahlung trägt das Unternehmen aber kein Risiko: Sollte das Unternehmen erfolglos sein und zusperren müssen, braucht es nichts mehr an die CD-Agentur zu bezahlen, denn die Rechte hat es ja nur für die Dauer der Verwendung zu bezahlen!

## 4.2 Nebenleistungen und Nebenkosten

Im Rahmen eines CD-Prozesses werden von CD-Agenturen viele Leistungen erbracht, die keine eigenschöpferische Arbeit darstellen. Sie werden je nach Vereinbarung nach Zeit oder Pauschalsätzen verrechnet.

**Beispiele für Nebenleistungen:**
- Teilnahme an den Sitzungen der CD-Arbeitsgruppe
- Storechecks, Analyse von Marktforschungsunterlagen
- Zusammenarbeit mit Marktforschungsunternehmen
- Fotorecherchen
- Aufnahmeleitung bei Fotoaufnahmen
- Datenkonvertierungen
- Bildbearbeitungen
- Drucküberwachung
- Supervision der Webdesign-Agentur
- Coaching von Mitarbeitenden

**Beispiele für Nebenkosten:**
- Programmieren von Websites und Apps
- Erstellen von Word-Templates
- Fotorechte
- Illustrationen
- Botendienste
- Reisekosten

Nebenkosten können, wenn sie nicht direkt vom Auftraggebenden bezahlt werden, mit einem vereinbarten Aufschlag weiterverrechnet werden.

## 4.3 Offertbeispiel CD-Projekt

Um die Kosten für ein CD-Projekt transparent und übersichtlich zu halten, sollte das CD-Offert in aufeinanderfolgende Arbeitsschritte getrennt sein. Jede Leistung wird in Entwurf und Reinzeichnung + Rechte gesplittet.

## Corporate Design für die Mustermax GmbH, Offert

Bei diesem Offertbeispiel aus dem Jahr 2017 gilt für die Werknutzungsrechte ("Rechte"): nationale Verwendung und unbeschränkte Dauer.

*Prozessschritte:*                                              *Entwurf / RZ + Rechte*

### 1. CI- und Design-Research

**1.1 Workshop Corporate Identity**
Dauer 3 Stunden: Leitbild-Analyse,
Stärken/Schwächen der Marke Mustermax                    – / 900,–
**1.2 Design Research**
Sammlung aktueller CD-Elemente, Design-Analyse Mitbewerb
(POS- und Web-Research), 3 Experteninterviews,
Studium Fachzeitschriften                               – / 1500,–
**1.3 Workshop Entwurfskriterien**
Dauer 2 Stunden: Definition und Abstimmung der
Entwurfskriterien                                       – / 600,–

### 2. Kreation Basisdesign
Logo farbig, schwarz-weiß, negativ,
Dateien für Print und Screen                       2.500,– / 5.000,–
Corporate Colour, Corporate Type, sekundäre
Stilelemente, Layoutprinzipien: 5 Anwendungs-
beispiele, z.B. Brief, Visitenkarte, Website etc.  1.000,– / 1.500,–

### 3. Weitere Kreationen und Reinzeichnungen

**3.1 Personalbereich**
Drucksorten (z.B. Brief, Kuvert etc.), pro Drucksorte   200,– / 150,–
Formulare: Gestaltungsprinzip, 2 Anwendungsbsp.         800,– / 450,–
Formulare: Vorlage für MS Word, pro Formular            – / 300,–
**3.2 Produktionsbereich**
Fuhrpark: Gestaltungsprinzip, 1 Beispiel PKW            800,– / 300,–
Fuhrpark: Reinausführung pro Fahrzeug                   – / 550,–
Leitsystem: Gestaltungsprinzip, 4 Beispiele
(z.B. Wegweiser, Bürotafel etc.)                        900,– / 500,–

41

### 3.3 Kommunikationsbereich

| | |
|---|---:|
| Kugelschreiber | 150,– / 150,– |
| Notizblock | 150,– / 250,– |
| Powerpointpräsentation, inkl. Masterfolie | 400,– / 1.000,– |
| Website, Startseite und 2 weitere Unterseiten, ohne Programmierung | 2.500,– / 1.500,– |
| Imageprospekt, Grundkonzeption, Cover und 2 Doppelseiten Blindtext | 900,– / 1.500,– |
| Personalinserat | 250,– / 250,– |

## 4. Dokumentation und Coaching

### 4.1 CD-Manual

| | |
|---|---:|
| Grundkonzeption, inhaltl. Gliederung | 600,– / – |
| Layout, Reinzeichnung und Text, 35 Seiten à 90,– | – / 3.150,– |

### 4.2 CD-Coaching

| | |
|---|---:|
| 1 Nachmittag für 15 Teilnehmende, 4 Stunden | – / 1.000,– |

| | |
|---|---:|
| **Gesamthonorar CD-Agentur** | **ca. 35.000,–** |

# 4.4 Umsetzungskosten

Ein weiterer Bestandteil des CD-Budgets sind diejenigen Kosten, die bei der Umsetzung des CD-Programms durch Drittlieferanten anfallen.

**Beispiele für Umsetzungskosten:**
- Ähnlichkeitsprüfung und Markenregistrierung
- Druck
- Webprogrammierung
- Werbegeschenke
- Fahrzeuggestaltung
- Firmenschilder, Wegweiser, Leitsystem
- Lichtwerbung
- Fassadenbemalung
- Arbeitskleidung
- Schriftsätze (Fonts)
- Konvertierungskosten von CD-Elementen für das kundenseitige EDV-System (Vorlagen, Templates für Briefe, Formulare etc.)

# 4.5 Einführungskosten

Das neue Erscheinungsbild muss natürlich auch den Mitarbeitenden und der Öffentlichkeit vorgestellt werden. Die Kosten für die interne und externe Präsentation (siehe S. 119 und 140) des neuen CD-Programmes dürfen nicht übersehen werden. Es ist unmöglich, im Rahmen dieses Buches Richtwerte für die Einführungskosten eines neuen CD anzugeben, da diese Kosten sehr stark vom jeweiligen Unternehmen und der Erreichbarkeit seiner Zielgruppen abhängen.

**Beispiele für Einführungskosten:**
- PR-Agentur
- Event Agentur
- Eventspesen (Catering, Moderator usw.)
- Werbeagentur
- Webprogrammierung
- Schaltkosten
- Druckkosten
- Versand Direct Mails

# 4.6 Kalkulationsbeispiel CD-Budget

Das folgende Beispiel aus dem Jahr 2017 kann nur exemplarisch sein, und die einzelnen Beträge können von Unternehmen zu Unternehmen stark differieren. Die Listung der unterschiedlichen Positionen soll aber dazu dienen, die Komplexität des CD-Prozesses zu verdeutlichen und das Übersehen von Kostenfaktoren bei der Entwicklung eines CD-Programms zu vermeiden. Wir legen diesem Beispiel das oben angeführte Offert der CD-Agentur zugrunde.

**Phase 1: Recherchen und Basisdesign**

| | | |
|---|---|---|
| Honorar CD-Agentur | ca. | 35.000,– |
| Ähnlichkeitsprüfung und Markenregistrierung (mind.) | ca. | 372,– |

**Phase 2: Umsetzung**

| | | |
|---|---|---|
| Druckkosten, alle CD-Elemente | ca. | 7.000,– |
| Honorar Fotograf und Fotoproduktion | ca. | 3.000,– |
| Nutzungsrechte Archivfotos | ca. | 2.000,– |

| Bildbearbeitungen | ca. 1.000,– |
|---|---|
| Beklebung Fuhrpark | ca. 3.000,– |
| Leuchtschild | ca. 5.000,– |
| Webprogrammierung | ca. 10.000,– |

**Phase 3: Einführung**

| Präsentationsevent für Mitarbeitende | ca. 6.000,– |
|---|---|
| CD-Coaching | 1.000,– |
| CD-Manual, Grafik und Druck | ca. 6.000,– |
| Presseaussendung, inkl. Porto | ca. 1.500,– |
| dreistufiges Direct Mail, Grafik, Produktion u. Versand | ca. 8.000,– |

**Gesamtes CD-Budget, inklusive Produktionskosten und Einführungswerbung** ca. 88.000,–

# 5. Der CD-Prozess

Wenn alle Voraussetzungen für einen professionellen CD-Prozess erfüllt sind, kann mit der Arbeit begonnen werden. Abhängig von der Unternehmensgröße muss genügend Zeit eingeplant werden.

## Dauer des CD-Projekts

Wenn wir von der Dauer des CD-Prozesses sprechen, meinen wir die Zeitspanne zwischen Konstituierung der CD-Arbeitsgruppe bis zur Fertigstellung, also bis zum Beginn der Einführung (externe Präsentation) und den Coachingmaßnahmen. Die Zeit für die Erarbeitung eines Leitbilds, die vor Beginn des CD-Prozesses erforderlich ist, wird hier nicht berücksichtigt.

Bei Kleinunternehmen, die von EigentümerInnen geführt werden, ist es möglich, schon innerhalb von zwei bis drei Monaten ein passendes CD zu entwickeln. Mittelbetriebe, bei denen mehr als eine Person in die Entscheidungen involviert ist und wo ein größerer Katalog an CD-Elementen zu gestalten ist, benötigen mindestens sechs Monate. Bei Großunternehmen, wo mehrere ManagerInnen mitentscheiden und mehrere Personen sich den Vorstand teilen, dauert der CD-Prozess bis zu einem Jahr, selten länger.

Natürlich ist es möglich (und oft unumgänglich), bereits vor Abschluss des gesamten Projekts mit Teilergebnissen an die Öffentlichkeit zu treten. Vor allem die Mitarbeitenden müssen schon früh von den Aktivitäten der CD-Arbeitsgruppe informiert werden und sollten als Erste die Ergebnisse des Prozesses zu sehen bekommen. Zu diesem Zeitpunkt muss das Aussehen des Basisdesigns und der Drucksorten feststehen.

## Die wesentlichen Schritte des CD-Prozesses

Im Laufe vieler CD-Projekte hat sich gezeigt, dass wichtige Entscheidungsgrundlagen fehlen, wenn versucht wird, einen der folgenden Prozessschritte einzusparen. Nur wenn die Schritte in der richtigen Reihenfolge eingehalten werden, ist garantiert, dass alle Gestaltungsmaßnahmen auch passen und funktionieren. Voraussetzung für den Beginn des CD-Prozesses ist der Abschluss der CI-Arbeit und das Vorliegen eines Leitbildes!

**Die Schritte des CD-Prozesses:**
- Einrichtung der CD-Arbeitsgruppe
- Auswahl CD-Agentur und Offert
- Briefing
- CI-Analyse (Sollzustand)
- Recherchen intern und extern (Istzustand)
- Entwurfskriterien
- Kreation
- Präsentation intern
- Umsetzung
- Coaching
- Präsentation extern
- CD-Manual

# 5.1 CD-Arbeitsgruppe

In managergeführten Unternehmen, in Firmen mit mehreren Personen in der Geschäftsleitung und in Betrieben mit mehr als 30 Mitarbeitenden wird eine CD-Arbeitsgruppe eingerichtet.

**CD-Arbeitsgruppe in einem Klein- oder Mittelbetrieb, je eine Person aus**
- Eigentümer oder Geschäftsleitung
- Werbung- und/oder Verkauf
- Assistenz der Geschäftsleitung
- evtl. eine Person aus einer unteren Abteilungsebene
- CD-Agentur

**CD-Arbeitsgruppe in einem Großbetrieb, je eine Person aus**
- Vorstand
- Marketing
- Presse
- Controlling
- Personalwesen
- EDV
- evtl. ein oder zwei Mitarbeitende aus unteren Abteilungsebenen
- CD-Agentur

Bei Großunternehmen sind VorständInnen meist nur schwer für die CD-Arbeitsgruppe verfügbar. Hier empfiehlt sich die Einrichtung einer übergeordneten Leitungsgruppe. Sie besteht aus Vorstand, Marketing und CD-Agentur. In der Leitungsgruppe werden die grundlegenden CD-Entscheidungen, vor allem über das Basisdesign, getroffen. Die CD-Arbeitsgruppe trifft die operativen Entscheidungen. Ein Beispiel: Die Leitungsgruppe entscheidet, ob eine individuelle Hausschrift für sämtliche PCs angekauft werden soll. Die CD-Arbeitsgruppe entscheidet, wann und wo welche Schriftschnitte verwendet werden.

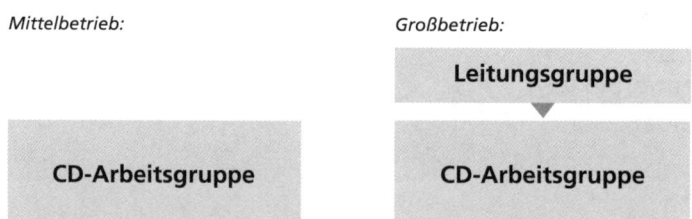

*Mittelbetrieb:*                    *Großbetrieb:*

**Leitungsgruppe**

**CD-Arbeitsgruppe**            **CD-Arbeitsgruppe**

*Entscheidungsstruktur im CD-Prozess*

# Aufgaben und Kompetenzen der CD-Arbeitsgruppe

Auch wenn es sich bei CD um eine Angelegenheit der Unternehmensleitung handelt, bedarf es doch der Verankerung in der gesamten Belegschaft. Nur wenn sich alle Mitarbeitenden mit dem neuen CD identifizieren können, ist eine optimale Umsetzung in allen Unternehmensbereichen gewährleistet, deshalb ist es empfehlenswert, auch Mitarbeitende unterhalb der Managementebene einzubeziehen. Solche CD-Gruppenmitglieder sind besonders motiviert und aufgeschlossen und wollen sich für die Zukunft des Unternehmens engagieren. Sie erleichtern die positive Aufnahme des CD-Projekts beim restlichen Personal und informieren über Erwartungshaltungen der Belegschaft oder eventuelle Ablehnung.

Im Laufe einer CD-Entwicklung kann es Designentscheidungen geben, die von einer Unternehmensebene oder Abteilung begrüßt, von einer anderen aber als unpassend oder (noch schlimmer) als hinderlich für die tägliche Arbeit empfunden werden. Solche Interessenkonflikte können in der CD-Arbeitsgruppe diskutiert und gelöst werden. Die rechtzeitige Einbindung und Information aller Beschäftigten verhindert auch das Entstehen von Gerüchten über bevorstehende Rationalisierungsmaßnahmen oder Entlassungen, die automatisch bei so grundlegenden Unternehmensaktivitäten, wie sie ein CD-Prozess darstellt, entstehen.

**Aufgaben der CD-Arbeitsgruppe:**
- Analyse des Leitbilds (CI-Analyse) – Sollzustand
- Bewertung Recherchen – Istzustand
- Soll-Ist-Vergleich und Ableitung der Entwurfskriterien
- Katalog der CD-Elemente
- Prioritätenliste und Zeitplan
- Beurteilung und Genehmigung der einzelnen Kreationsschritte
- Planung der internen PR-Maßnahmen
- Planung der internen und externen Präsentation

Leider kann CD nicht Ergebnis eines demokratischen Mehrheitsbeschlusses sein. Die Mitglieder haben wohl beratende Funktion; EigentümerInnen, GeschäftsführerInnen oder FirmeninhaberInnen bzw. die Leitungsgruppe haben immer ein Vetorecht.

Die Mitschrift der CD-Meetings wird je nach Vereinbarung von der CD-Agentur oder vom Unternehmen übernommen. Auswertung und Vorbereitung der Treffen ist Aufgabe der CD-Agentur.

**Sonderfall CD für öffentliche Einrichtungen**
Als Folge der Verwaltungsreform müssen Behörden oder Dienststellen ihre Leistungen im Wettbewerb mit privatwirtschaftlichen Konkurrenten anbieten. So messen sich öffentliche Universitäten im Wettbewerb mit Privatuniversitäten. Aber auch staatliche Institutionen wie Ministerien, Gerichte oder die Polizei, obwohl nicht in direkter Konkurrenz mit privaten Anbietern, haben in einer demokratischen Gesellschaft das Bedürfnis, ihre Identität mit einem selbstbewussten CD auch nach außen zu zeigen. (Das Gegenteil wäre eine autoritäre Staatsform, wo Legislative und Exekutive ihre Unterordnung unter ein einziges Staatslogo signalisieren, wie im Nationalsozialismus. Von der Reichskanzlei bis hinunter zum Kindergarten trug damals jede Institution das Hakenkreuz ...)

In den letzten Jahren wurden daher vermehrt CD-Programme für öffentliche Institutionen entwickelt. Dieser Trend wird sich aufgrund der EU-Vorgaben auch weiter fortsetzen.

Im öffentlichen Sektor können Entscheidungen durch demokratische Abstimmung innerhalb der CD-Arbeitsgruppe getroffen werden. Behördenleiter sind ja nicht EigentümerInnen der Behörde mit dem Recht, allem ihren persönlichen Stempel aufzudrücken. Auch hier gilt: Information und Transparenz über den CD-Prozess für alle Mitarbeitenden.

## CD-Verantwortliche

Die CD-Arbeitsgruppe wird nicht in alle Detailfragen der Umsetzung eingebunden, daher wird eine CD-verantwortliche Person bestimmt. Zumeist stammen die für das CD verantwortlichen Personen aus der Marketing- oder Presseabteilung. Nach Einführung des CD-Programms überwachen CD-Verantwortliche die laufende Umsetzung.

Die Tätigkeit der CD-Verantwortlichen beginnt in der CD-Arbeitsgruppe. Später, in der Umsetzungsphase des CD-Prozesses, werden zahlreiche operative Entscheidungen gemeinsam vom CD-Verantwortlichen und der

CD-Agentur getroffen, ohne die CD-Arbeitsgruppe zusammenzurufen. Die CD-Agentur muss sich in allen Fragen an den CD-Verantwortlichen wenden können und sie muss sich auf dessen Entscheidungen verlassen können. Auch die Mitarbeitenden des Unternehmens können sich in allen CD-Fragen an den CD-Verantwortlichen wenden.

In Großbetrieben und umfangreichen Behörden müssen, beginnend mit der Umsetzungsphase, CD-Verantwortliche in allen Abteilungen nominiert werden. Sie sind für alle Mitarbeitenden Ansprechpartner in Gestaltungsfragen.

**Aufgaben der CD-verantwortlichen Person:**
- Organisation der CD-Meetings
- Leitung der CD-Arbeitsgruppe
- Kontakt mit CD-Agentur
- Bereitstellung aller benötigten Unterlagen
  (Mafo, Pläne, Daten etc.)
- Entscheidungskompetenz in allen Umsetzungsschritten
  (Textfreigaben, Produktionsaufträge, Druckfreigaben etc.)
- Auskunftsleistung und Hilfestellung für Mitarbeiter und LieferantInnen
  bei CD-Umsetzungsfragen
- Aktualisierung des CD-Manuals
- Überwachung der Einhaltung der CD-Richtlinien
- Berichterstattung an den Vorstand

# 5.2 Auswahl der CD-Agentur

Nachdem beim Auftraggebenden die Rollen im CD-Prozess festgelegt worden sind, muss die externe CD-Agentur gefunden werden. Das Angebot ist vielfältig, von Einpersonenunternehmen (EPUs) bis zu internationalen Agenturen. EPUs arbeiten in Netzwerken aus hochspezialisierten Prozesspartnern und können daher auch komplexe CD-Prozesse planen und durchführen. Wie findet man den oder die passende PartnerIn?

**1. Schritt: Screening**
Unternehmen, die auf der Suche nach einer CD-Agentur sind, wird es auffallen, wenn ein Unternehmen in ihrem Umfeld sein CD erneuert hat.

Wenn das Ergebnis gefällt, wird man herausfinden, wer für das Redesign verantwortlich war und diese Agentur in die engere Wahl ziehen. Hervorragende CD-BeraterInnen lassen sich auch unter den Gewinnern der alljährlichen Kreativ- und insbesondere CD-Awards finden.

Natürlich ist die Internetrecherche mit dem Suchbegriff „Corporate Design" ein wichtiges Instrument des Screenings. Dabei ist darauf zu achten, dass auf den gefundenen Websites CD wirklich den Schwerpunkt der jeweiligen Anbieter darstellt. Viele Studios und Agenturen listen CD als Portfolio-Stichwort, bieten aber statt durchgängiger CD-Projekte nur ein paar hübsche Logos im Portfolio.

**2. Schritt: Vorgespräche**
Am Ende des Screenings sollte eine Auswahl von ca. fünf bis zehn qualifizierten CD-BeraterInnen feststehen. Nun gilt es zu prüfen, wie diese arbeiten und ob die „Chemie" zwischen ihnen und dem Auftraggebenden stimmt. Es empfiehlt sich, BeraterInnen zunächst zu einem Vorgespräch einzuladen. Hier kann man überprüfen, ob die CD-Agentur die richtigen Fragen stellt. Ist sie am Unternehmen und seinen Leistungen interessiert und hat sie sich vorab über den betreffenden Markt informiert? Wie ist die CD-Agentur bei früheren Projekten vorgegangen (Case Studies)?

**3. Schritt: Studiobesuch**
Bei einem Besuch in den Räumen der CD-Agentur können Auftraggebende sich ein Bild darüber machen, wie dort gearbeitet wird. Wie groß ist das Team? Wer hat welche Qualifikation oder wird mit Netzwerkpartnern gearbeitet? Beim Studiobesuch lassen sich auch grundsätzliche Fragen der Herangehensweise und der Problemlösung diskutieren. Spätestens nach dem Studiobesuch sollte klar sein, ob man mit der betreffenden CD-Agentur weiter im Gespräch bleiben möchte oder ob sie aus der Auswahl fällt.

**4. Schritt: Offert und Direktauftrag oder Wettbewerb**
Nun gibt es zwei Möglichkeiten, zur passenden Agentur zu kommen:

**Direktauftrag**
Das Unternehmen hat aufgrund von Screening und Studiobesuch seine ideale PartnerIn gefunden und bittet, nach erfolgtem Briefing, um ein

Offert. (In Kapitel 4, ab S. 40, wurden die Bestandteile eines Offerts bereits beschrieben.)

**Wettbewerb**
Das Unternehmen lädt drei bis fünf CD-BeraterInnen zu einem Wettbewerb ein. Auch hier wird man zunächst ein Offert anfragen. Manchmal hat der Auftraggebende auch genaue Vorstellungen über das zu vergebende CD-Budget und wird unter diesen Bedingungen zum Wettbewerb einladen. Ein Sonderfall ist die Ausschreibung bei öffentlichen Auftraggebern. Hier gelten, je nach Auftragsvolumen, nationale oder EU-weite Regelungen. Aber auch große Unternehmen oder Organisationen schreiben manchmal öffentlich aus. Bei offenen Wettbewerben riskieren unterliegende Wettbewerbsteilnehmende, nicht einmal ein sogenanntes Abstandshonorar zu erhalten, nur der oder die SiegerIn wird bezahlt.

Die besten Wettbewerbsergebnisse sind zu erwarten, wenn nur wenige CD-Agenturen zu einem Wettbewerb eingeladen werden. Die beschränkte Teilnehmerzahl erlaubt es dem Unternehmen, in Rebriefings und Zwischengesprächen ein optimal passendes Ergebnis zu erzielen. Beim geladenen Wettbewerb sollen alle Teilnehmenden ein Präsentationshonorar erhalten; der oder die SiegerIn bekommt zusätzlich die Werknutzungsrechte bezahlt. designaustria hat Regeln für Wettbewerbe publiziert (Friedrich Eisenmenger, Annette Fidrich und Ulrike Willinger, Wettbewerbs-Richtlinien, designaustria 2003).

# 5.3 Briefing

Mit dem Briefing kann präzise gesteuert werden, welche Leistung erbracht werden soll. Die kreativen Lösungen sollen schließlich zum Unternehmen passen und alle Dialogpartner ansprechen. Sie müssen sich vom Mitbewerb unterscheiden und helfen, die Kommunikationsziele zu erreichen. Außerdem sollen die Designlösungen den gewünschten Umfang haben, technisch gut umsetzbar sein und rechtzeitig vorliegen.

Der Klient soll im Briefing keine kreativen Umsetzungen vorschlagen, sondern muss seine langfristigen Kommunikationsziele klar beschreiben. Der CD-Berater kann, darauf aufbauend, dazu passende kreative

Lösungen entwickeln. Falsch ist die Ansicht, man würde Kreative mit Informationen und Unterlagen überfordern. Richtig ist, umfassende Briefingunterlagen zur Verfügung zu stellen.

## Briefingunterlagen und wichtige Informationen

- Anlass des Redesigns oder des Markteintritts
- Leitbild (unerlässlich zum Finden der Entwurfskriterien!)
- bisheriges CD-Manual
- bisherige Werbemittel
- Firmenhistorie
- Produkt-/Leistungspositionierung
  (USP, Preis, Distribution, Marktführer, Nr 2 oder „Me-too"?)
- technische Beschreibungen, Infofolder etc.
- Marktforschungsergebnisse (Kundenwünsche und Produkterlebnis)
- Beschreibung der Zielgruppen
  (Reason-Why, Benefit, Zusatznutzen, Nutzungssituation, EntscheiderIn und/oder NutzerIn?)
- Werbematerial der Konkurrenz
- Adressen für Store-Checks, Gebäudepläne
- Fuhrparklisten (PKW, LKW, Container)
- Terminplan mit Zwischenterminen
- Webadressen der Konkurrenz

## Briefing und Rebriefing bei Direktauftrag

Zwischen Briefinggespräch und Präsentation werden seitens der CD-Agentur Fragen zum Entwicklungsprozess und den Zielsetzungen auftauchen, auf die das Feedback des Unternehmens erforderlich ist. Im Fall eines Direktauftrags ist das kein Problem, man trifft sich oder telefoniert, sobald es nötig ist.

## Briefing und Rebriefing bei Wettbewerben

Im Fall eines Wettbewerbs muss zu Beginn geklärt werden, wann und wie Rebriefings ablaufen, um allen Teilnehmenden den gleichen Informationsumfang zu ermöglichen. Es beginnt bereits mit dem Briefing: Lädt man alle Teilnehmenden zum ersten Briefinggespräch gemeinsam ein oder brieft man alle Teilnehmenden einzeln? Gibt es danach Einzelgespräche oder einen gemeinsamen Rebriefingtermin (oder weitere)? Leider verheimlichen manche Unternehmen sogar die Namen der übrigen Teilnehmenden, dann kann man sowieso nur einzeln briefen. Wenn

Rückfragen per E-Mail oder Telefon gestellt werden, können Auftraggebende ihre Antworten auch an alle anderen Teilnehmenden verteilen; allerdings dürfen durch die Fragebeantwortung keinesfalls Hinweise auf die Strategien der Fragesteller gegeben werden!

# 5.4 CI-Analyse

Wir gehen davon aus, dass die Corporate Identity in Form eines Leitbildes vorliegt. Erster Schritt des CD-Prozesses ist das gemeinsame Interpretieren des Leitbildes durch CD-Arbeitsgruppe und CD-Berater. Aufgrund dieser Analyse wird ein individueller Kriterienkatalog erstellt, anhand dessen die CD-Agentur gebrieft wird und jede Gestaltungslösung später auf ihre Richtigkeit überprüft werden kann.

Sollte kein Leitbild vorliegen, muss vor Beginn des eigentlichen CD-Prozesses ein „CI light" entwickelt werden, wofür ca. ein bis zwei zusätzliche Monate einzuplanen sind.

*1. Fallbeispiel CI-Analyse:*
## CIBA Spezialitätenchemie

Ciba Spezialitätenchemie entwickelt, produziert und vertreibt weltweit chemische Produkte. Das Unternehmen beschäftigt mehr als 20.000 Mitarbeiter.

Im Unternehmensleitbild „Werte über die Chemie hinaus" der CIBA Spezialitätenchemie finden sich Aussagen, die der CD-Arbeitsgruppe Anhaltspunkte für Entwurfskriterien bieten. Das Leitbild ist hier vollständig wiedergegeben (zitiert mit freundlicher Genehmigung der Ciba Speciality Chemicals Inc.):

### Wir über uns
*Ciba Spezialitätenchemie ist ein weltweit führendes Unternehmen im Bereich chemischer Spezialitäten. Wir entwickeln, produzieren und vermarkten innovative Produkte, die in den jeweiligen Märkten führend sind.*

*Für unsere Kunden, Mitarbeiterinnen und Mitarbeiter und Aktionäre* schaffen wir durch fortschrittliche umweltgerechte Technologien und langjährige Erfahrung im internationalen Marketing Werte über die Chemie hinaus.

Unsere Produkte verleihen Farbe und verbessern Leistungsfähigkeit, Pflegeeigenschaften und Aussehen von Kunststoffen, Lacken, Fasern, Geweben und anderen Materialien. Sie erhöhen die Wirtschaftlichkeit der Verarbeitungsverfahren und verbessern die Qualität der Endprodukte.

### Unsere Vision

Wir schaffen Werte für unsere Kunden, Mitarbeiterinnen und Mitarbeiter und Aktionäre. Entscheidend dafür sind Innovation, enge Kundenbeziehungen, Schnelligkeit und optimale Abläufe. Wir nehmen dabei unsere Verantwortung gegenüber Gesellschaft und Umwelt wahr.

Wir anerkennen und fördern Kompetenz und Leistung. Wir tragen als Individuen und als Teams in einem vernetzten Unternehmen Eigenverantwortung und handeln ergebnisorientiert. Entscheidend für unseren Erfolg ist die Beurteilung durch unsere Kunden und andere Anspruchsgruppen. Wir wollen gewinnen, indem wir Partner ihrer Wahl sind.

Wir gestalten aktiv die Zukunft unseres Unternehmens und der gesamten Branche. Wir ergreifen die Initiative, setzen Vorhaben um und betrachten dabei den Wandel stets als Chance.

Die CD-Berater von Ciba Spezialitätenchemie haben aus diesem Unternehmensleitbild ein CD-Programm entwickelt, dessen Kernstück, das Logo, einen fliegenden Schmetterling darstellt, dessen Form in farbige Rasterpunkte aufgelöst ist:

### Die Kraft der Verwandlung

Der Schmetterling gilt als das Symbol der Verwandlung. Als solcher ist er ein besonders passendes Symbol für ein Unternehmen, das sich soeben in neuer Form präsentiert – und das sich auch in Zukunft weiter verändern wird, um sich den wandelnden Bedürfnissen anzupassen, um neue Chancen zu entdecken und die Zukunft zu gestalten.

Der Schmetterling steht außerdem für Farbe und stellt damit eine gelun-

*gene Verbindung zu Ciba Spezialitätenchemie her, die sich in vielen ihrer Tätigkeitsbereiche den Farben widmet. Die Rasterstruktur unseres Logos erinnert an Spitzentechnologie und die führende Stellung von Ciba Spezialitätenchemie bei der Erfüllung von Kundenwünschen durch innovative Lösungen.*

**Logo der Ciba Spezialitätenchemie**
*entwickelt von Gottschalk + Ash International*

*2. Fallbeispiel CI-Analyse:*
**Paul Günther**
**Global Logistics Transporting Services**

Das Hamburger Logistikunternehmen Paul Günther hat seinen Wandel vom traditionellen Spediteur zum modernen Logistikkonzern in seiner CI formuliert. Im Folgenden wird das Unternehmensleitbild auszugsweise zitiert (mit freundlicher Genehmigung von Bodo Rieger, Hamburg):

**Change of Thinking**
*Wir wollen uns zu einem international anerkannten Unternehmen für Global Logistics & Transporting Services entwickeln – auf der Basis unserer Qualifikation als Schiffsmakler, Spediteur und Transportmanager und der neuen Kompetenz als Logistiker.*

*Wir wollen Qualitätsführerschaft für Logistikdienstleistungen in unseren bisherigen und neuen Geschäftsfeldern erreichen. Damit wollen wir in der Wertschöpfungskette unserer Kunden produktiv mitwirken – als langfristiger Partner.*

*Wir wollen als Aktiengesellschaft Geschäftspartnern und Mitarbeitern Möglichkeiten zur Beteiligung bieten.*

*Wir wollen nicht mehr Paul Günther bleiben, so wie Paul Günther einmal war, sondern ein neues Unternehmen Paul Günther sein: mit neuen Zielen, Strukturen und Ablaufprozessen; (...)*

*Daraus leiten wir die Strategie für unser „Management of Change" ab: Konzentration auf unsere Kernkompetenz, auf Logistikprodukte und Dienstleistungen mit hoher Wertschöpfung.*

*Integratives Marketing: Wir verstehen uns als Verlängerung und Erweiterung des Kunden-Marketing „The Extension of Client's Marketing".*

*Kompetenzsteigerung durch Gewinnung und Weiterentwicklung der begabtesten Mitarbeiter unserer Branche.*

*Modernste Informationslogistik und -systeme, die rationelles, effizientes Arbeiten nach den Qualitäts- und Timing-Kriterien unserer Kunden fördern.*

Der Wandel vom Spediteur zum Logistikspezialisten fand seinen Niederschlag in einem neuen CD. Zeigte das alte Logo noch eine traditionelle Schiffsflagge, die im Wind flattert, wird die neue Philosophie nun durch ein rotes Quadrat ausgedrückt, welches sich im Zentrum einer Spirale befindet, deren Linien in alle Himmelsrichtungen laufen. Diese Linien sind mehrfach parallel geführt, sodass der Eindruck von Fahrspuren entsteht. Das rote Quadrat steht für die Bedürfnisse des Kunden oder für das Transportgut selbst.

Das Logo symbolisiert somit Offenheit nach allen Seiten, Dynamik und Vernetzung rund um den Kunden und sein Transportgut.

***Logo von Paul Günther Global Logistics Transporting Services***
*entwickelt von Jürgen Rieger*

*3. Fallbeispiel CI-Analyse:*

# Blumen Kurz

Nach den beiden Beispielen eines internationalen Konzerns und eines Mittelbetriebs soll noch am Beispiel eines Kleinunternehmens gezeigt werden, dass auch hier gilt: Nur die Analyse der Unternehmensphilosophie als Ausgangspunkt für die Gestaltungsarbeit ermöglicht erfolgreiches CD:

### „CI light"

Die Blumenhandlung Kurz verfügt über ein Geschäftslokal und einen Kiosk in Wien. Geführt wird das Unternehmen von den Geschwistern Inge und Paul Kurz. Es gibt vier Angestellte. Die Ausarbeitung eines Unternehmensleitbilds war hier nicht notwendig, denn durch einige ausführliche Gespräche und Besuche in den Verkaufsstätten zeigte sich uns bald ein klares Bild der Unternehmensphilosophie. Die Einstellungen und die Haltung von Blumen Kurz stellen sozusagen ein „CI light" dar:

### *Das andere Blumengeschäft*

*Blumen werden nicht von Großhändlern bezogen, sondern von Gärtnereibetrieben und ausgesuchten Importeuren. Die Qualität der Blumen ist deutlich besser als beim Mitbewerb, was sich durch längere Haltbarkeit zeigt. Beim Blumenbinden und Arrangieren ist Blumen Kurz führend in Wien, kombiniert wird in immer neuen Variationen mit oft ungewöhnlichen überraschenden Effekten. – Eine Art österreichisches Ikebana.*

*Die Geschwister Kurz bemühen sich täglich von morgens bis abends um die Kunden, die auch aus den umliegenden Wiener Nachbarbezirken kommen. Auf besondere Anlässe und persönliche Wünsche wird individuell eingegangen, sodass alle KundInnen beim Blumenkauf so etwas wie ein Glücksgefühl erfahren.*

### *Der andere Auftritt*

*Ein CD-Programm für Blumen Kurz musste also logischerweise die Andersartigkeit und das Besondere ausdrücken. Gleichzeitig musste das neue CD gewährleisten, dass die wunderschönen Blumen richtig zur Geltung kommen können.*
So entstand das auffällige Farbklima von Blumen Kurz: wenig Hellgrün

und Weiß auf großen schwarzen Flächen. Denn nur die Farbe Schwarz bietet ausreichend Kontrast für die Vielzahl von Farben, welche Blumen haben können! Gleichzeitig hat es noch nie zuvor schwarzes Wickelpapier bei einem Floristen gegeben, sodass der Alleinstellungsanspruch erfüllt wird. Das Logo zeigt auf schwarzem Fond den Schriftzug Kurz, dessen Buchstaben, wie schlanke Pflanzen, aus hellgrünen Blättern und weißen Stielen geformt sind.

■ Preisschild
■ Leuchtschild
■ Gutschein
■ Wickelpapier
■ Lieferwagen
■ Einkaufstasche
■ Hinweistafel

*Für das CD-Projekt Blumen Kurz wurde der Autor 1993 mit dem Österreichischen Coporate-Design-Preis ausgezeichnet.*

58

*4. Fallbeispiel CI-Analyse:*
# Manz Crossmedia

Die renommierte *Manz'sche Druckerei Stein & Co.* hat ihr Leistungsspektrum in Richtung Multimedia stark erweitert. Das Besondere dabei war die medienübergreifende Philosophie: E-Commerce, Intranetlösungen und CD-ROM-Produktion gehen Hand in Hand mit herkömmlichen Printlösungen. Das alte Erscheinungsbild und der alte Firmenname konnten die neue Philosophie nicht mehr glaubwürdig kommunizieren. Also beauftragte man Dunkl Corporate Design mit der Entwicklung der neuen Identität.

Damit das neue Erscheinungsbild nicht nur oberflächliche Fassadendekoration darstellt, planten wir einen umfassenden Corporate-Identity-Prozess, in dessen erster Stufe wir gemeinsam mit den Führungskräften ein Leitbild entwickelten. Das Leitbild gliedert sich in eine vorangestellte Leitidee und in mehrere Leitsätze, in denen Richtlinien für CC, CB und CD formuliert werden.

### Unsere Leitidee
*Wir wollen Information in Form bringen, damit die Menschen Inhalte optimal aufnehmen und verstehen können.*

### Unser Unternehmen
*Unser Unternehmen beschäftigt sich mit der mediengerechten Aufbereitung, Vervielfältigung und Verteilung von Information.*

*In der Gestaltung und Herstellung von Büchern und Zeitschriften liegen unsere Wurzeln. Daraus resultiert unsere besondere Kompetenz für die Verarbeitung großer Datenmengen. Das Know-how aus dieser Tradition nützt uns auch heute beim Einsatz modernster Technologien.*

*Wir haben uns von der klassischen Setzerei und Buchdruckerei zum modernen Crossmedia-Unternehmen gewandelt. Wir werden unsere Marktposition als kompetenter Anbieter für große und komplexe Informationsvolumen sichern und weiter ausbauen.*

### Unsere Leistungen
*Wir beraten, gestalten und produzieren medienübergreifend.*

*Wir analysieren den Kommunikationsbedarf unserer Kunden. Wir bringen deren Information im jeweils geeigneten Medium zielgruppengerecht in Form: als klassisches Druckprodukt, als Online- oder als Offline-Information.*

*Wir nutzen in allen Bereichen modernste Technologien.*

*Unser Leistungsspektrum umfasst die Analyse, Beratung, Gestaltung, Produktion und Vervielfältigung; es reicht bis zur Archivierung, Verbreitung und Aktualisierung von Informationsinhalten. Wir betrachten es als Herausforderung, für unsere Kunden Verfahrensverbesserungen zu entwickeln. Wir bieten Produkte mit Mehrwert.*

### Wir Mitarbeiter
*Wir verfügen über die beste Qualifikation für unsere Aufgabenbereiche. Wir sind bereit, uns permanent weiterzubilden und Ausbildungsangebote anzunehmen.*

*Wir denken engagiert und unternehmerisch. Wir treffen unsere Entscheidungen unter dem Gesichtspunkt der Wirtschaftlichkeit zum Wohle des geschäftlichen Erfolges unserer Kunden und dem unseres Unternehmens.*

*Wir handeln verantwortungsvoll im Umgang mit unseren Geschäftspartnern und Kollegen. Wir übernehmen Verantwortung für Mensch und Maschine. Wir lernen aus Fehlern und betrachten sie als Chance zur Verbesserung unserer Leistung. Unsere Kommunikationswege halten wir kurz und flexibel.*

### Unsere Kunden
*Unsere Kunden bringen durch unsere Leistung ihre Information erfolgreich zu ihren Zielgruppen. Unsere Kunden verlangen und erhalten Qualität, weil sie unser faires Preis-Leistungs-Verhältnis anerkennen. Unsere Kunden sind in Europa zu Hause.*

### Unsere Lieferanten
*Unsere Lieferanten garantieren höchste und gleichbleibende Qualität für den jeweiligen Kundenauftrag. Wir betrachten unsere Lieferanten als Partner zur optimalen Erfüllung unserer Aufträge.*

*Unsere Umwelt*
*Wir sind Teil eines großen Ganzen.*

*Zu unseren Nachbarn und den Institutionen und Behörden pflegen wir ein partnerschaftliches Verhältnis. Wir lehnen aber Aufträge mit undemokratischen und menschenverachtenden Inhalten ab und bekennen uns zur freien Marktwirtschaft.*

*Wir verwenden umweltfreundliche Produktionsverfahren auf dem aktuellen Stand der Technik und der Gesetzgebung.*

Aus der Analyse dieses Leitbildes konnten die Positionierung und die Entwurfskriterien definiert werden als Entscheidungsgrundlage für alle folgenden Kreativschritte:

**Positionierung des Klienten:**
- Wurzeln in Bücherherstellung,
  daher Kompetenz für große Datenmengen
- medienübergreifendes Gestalten und Produzieren
- Kompetenz für klassisches Druckprodukt, Online- und Offline-Information
- Analyse, Beratung, Gestaltung, Produktion
  = modernes Crossmedia-Unternehmen

**Kriterien zur Namensfindung:**
- unverwechselbar
- leicht zu merken
- leicht auszusprechen
- international verwendbar
- klare Botschaft
- Ausnutzen des Bekanntheitsgrads und des Image als klassischer Buchdrucker
- Signal für medienübergreifendes Arbeiten

So wurde für die ehrwürdige *Manz'sche Druckerei Stein & Co.* der zeitgemäße Name „Manz Crossmedia" gefunden, der auch bei Pretests klar mit der neuen Positionierung „medienübergreifend" identifiziert wurde. In der Folge konnte also das grafische Erscheinungsbild entwickelt werden. In der Schlussphase des CD-Prozesses trainierten die Mitarbeitenden von

Manz Crossmedia in speziellen Corporate-Behaviour-Trainings, wie sie das Leitbild bei der internen Kommunikation und beim Umgang mit KundInnen und LieferantInnen anwenden können.

# 5.5 Recherchen

Im vorangegangenen Kapitel haben wir gezeigt, wie man die Entwurfskriterien für passende Designlösungen aus den Leitbildern der Unternehmen entwickeln kann. Betrachtet man ein Leitbild jedoch als ideales Selbstbild, und somit als *Sollzustand* des Unternehmens, so stellt sich die Frage nach dem Fremdbild, also dem *Istzustand* des Unternehmens, wie es von seinen Stakeholdern wahrgenommen wird. Dieser Istzustand kann durch Recherchen überprüft werden.

Kreative Lösungen entstehen gerade aus dem Spannungsfeld scheinbar widersprüchlicher Positionen. Zum Kennenlernen der aktuellen Situation können verschiedene Recherchemethoden angewandt werden. Ziel ist zu erfahren, wie KundInnen und Mitarbeitende, LieferantInnen und andere GeschäftspartnerInnen über das Unternehmen denken. Auch das Kennenlernen der Firmengeschichte ist Bestandteil der Recherchen.

Die im Folgenden vorgestellten Recherchemethoden und -ziele werden in einem CD-Prozess normalerweise nicht gänzlich ausgeschöpft. Sie sind aber unerlässlich, wenn ein Leitbild oder nur ein „CI light" erarbeitet werden soll (siehe 3.1). Wir unterscheiden interne und externe Recherchen. Bei den internen Recherchen wird alles erhoben, was das Unternehmen selbst betrifft. Recherchiert werden dabei nicht nur Meinungen der Mitarbeitenden, sondern auch das aktuelle Erscheinungsbild selbst.

**Interne Recherchen:**
- Historische CD-Elemente und Firmenchronik
- Analyse und Schwachstellenanalyse der aktuellen CD-Elemente
- Analyse Publishing-Workflow (EDV, Formularwesen etc.)
- Wunschliste an künftige CD-Elemente
- Werksbesuch
- Imageerhebung bei Mitarbeitenden
- Storechecks

- Kunden
- LieferantInnen

Bei den externen Recherchen wird das Unternehmensumfeld und der Mitbewerb recherchiert.

**Externe Recherchen:**
- CI der wichtigsten MitbewerberInnen
- evtl. CI von wichtigen LieferantInnen und KundInnen

**Recherchemethoden und -quellen:**
- Online („Googeln")
- Fachzeitschriften
- Kundenarchiv
- Storecheck, Werksbesuch
- Mitarbeiterbefragung
- Kundenbefragung
- Lieferantenbefragung
- Expertenbefragung (Fachpresse, Wissenschaft)

Auch die klassische Marktforschung (Mafo) bietet geeignete Methoden zur Feststellung des Istzustands. Bei größeren Unternehmen wird üblicherweise ein Marktforschungsunternehmen hinzugezogen. Einfache Mafomaßnahmen für Klein- und Mittelbetriebe lassen sich gut von Studierenden, z.B. im Rahmen eines Praktikums, erledigen.

Funktionierendes CD wird es nur geben, wenn wir das Unternehmen intern und extern untersucht haben. Einige der Recherchen können sich erübrigen, wenn genügend Rechercheergebnisse aus einem nicht zu lange zurückliegenden CI-Prozess vorliegen.

*Fallbeispiel Mafo und Recherchen:*
## Storecheck bei einer Handelskette für Automaterial

Der Auftraggebende ist mit über 120 Filialen Österreichs größtes und ältestes Handelshaus für Automaterial. Ein Wechsel in der Unternehmergeneration, die Absicht, weiter erfolgreich zu expandieren, und das Auftauchen neuer Konkurrenz machten ein Redesign notwendig. In der Mafo-Phase des CD-Prozesses legten wir der CD-Arbeitsgruppe den folgenden Storecheck-Bericht vor:

*Das Unternehmen hat bei seinen Kunden ein gutes Image. Wer für sein Auto preisgünstige Ersatzteile von hoher Qualität sucht, weiß, dass er hier immer das Richtige findet. Manche KundInnen haben schon entdeckt, dass es auch sehr günstige Angebote aus dem Non-Food-Bereich gibt. Einige wenige bringen schon die Ehefrau zum Einkaufen mit. Man bietet also auch anderen, neuen Kundenschichten mehr.*

*Die neue Kundschaft besteht aus:*
- *Frauen*
- *jungen Leute, die ihr erstes Auto haben*
- *Autofahrer, die bisher grundsätzlich alles von der Fachwerkstätte bezogen haben*
- *und natürlich den alten Stammkunden, die eigentlich nur Kfz-Zubehör suchen*

*Aber:*
*Wie präsentiert sich das Unternehmen diesen neuen Kundenschichten? Ein Storecheck bei einem einzelnen Markt ergab folgenden Eindruck:*

**Außen**
*Leuchtschild:*
   *Logos gehen in gelben Flächen unter.*
   *Diverse Submarken irritieren.*

*Parkplatz:*
   *Kein Aktionsplakat, keine Begrüßung.*
   *Einkaufswagerl im Regen und völlig uneinheitlich.*
   *Keine Logos auf den Griffen.*

*Fassade:*
   *Logos viel zu klein.*
   *Statt prägnanter CD-Farben braune und gelbe Flächen.*
   *Fensterbeklebungen magenta und grün.*
**Innen**
*Decke:*

*Keine Saisondeko.*
*Uneinheitliche Dekoelemente.*

*Beschilderung:*
*Handgeschrieben, Kartons rot, grün, rosa, gelb und weiß.*
*Plakathalterrahmen grün, braun und weiß.*

*Regale:*
*Sonderangebote nur durch Minipickerl hervorgehoben.*

*Wände:*
*Weiß, Selfmade-Poster.*

### Gesamteindruck

*Die außen angekündigte Differenzierung mit zwei Submarken fehlt in-*
*nen völlig. Es fehlt jeder Dialog mit dem Kunden. Eine Einkaufsstimmung*
*kommt nicht wirklich auf. Die klassischen Kfz-Ersatzteile werden wie für*
*Insider versteckt. Neue Zielgruppen (Frauen!) werden so nur schwer an-*
*zusprechen sein.*

### Wie präsentiert sich die neue und alte Konkurrenz?

*Da gibt es die alte Konkurrenz auf dem Kfz-Teile-Markt:*

*– Die Fachwerkstätten, die immer mehr vom öligen Werkstättenimage*
*zum modernen Kunden-Service-Center mutieren.*

*– Die Tankstellen, die immer mehr modernen Supermärkten ähneln.*

*– Die XY-Märkte, die vom Start weg modernste Corporate-Design-*
*Strategien eingesetzt haben.*

*Und dann gibt es die neue Konkurrenz:*
*– XY-Märkte aus Deutschland, die ihren Markteintritt in Österreich*
*angekündigt haben.*

Wir haben also gesehen, dass vor Beginn der Kreation aufwendige
Recherchen und Vorbereitungsarbeiten notwendig sind. Nachdem in der
CI-Analyse das angestrebte Image des Unternehmens untersucht und
mittels Mafo die Wirklichkeit überprüft worden ist, können wir uns mit

*dem* Werkzeug beschäftigen, das erfolgreiche Entwurfsarbeit ermöglicht: den Entwurfskriterien.

# 5.6 Entwurfskriterien

Im Verlauf des CD-Prozesses werden viele Kreativentscheidungen getroffen. Bisher musste das Management auf seine subjektive Meinung vertrauen oder versuchen, mittels Meinungsforschung das passendste Logo, das geeignetste Layout, die beste Firmenfarbe etc. abzutesten. Das Unbehagen, solche weitreichenden Entscheidungen subjektiv fällen zu müssen, ist nachvollziehbar. Deshalb möchte ich hier einen wichtigen Schritt im CD-Prozess vorstellen: Entwurfskriterien als objektives Entscheidungstool.

Subjektive Meinung als einziges Entscheidungskriterium ist nur bei Einzelunternehmern vertretbar, sie dürfen ihr Unternehmen persönlich prägen. Aber ManagerInnen, die möglicherweise nach wenigen Jahren das Unternehmen wechseln, haben kein Recht auf eine solche persönliche Prägung. Auch die subjektive Meinung oder der persönliche Geschmack von CD-BeraterInnen sind die falschen Entscheidungsgrundlage. Nicht was „gefällt" oder „nicht gefällt" ist entscheidend, sondern die Erfüllung oder Nichterfüllung von zuvor definierten Entwurfskriterien.

Die Entwurfskriterien dienen nicht nur der CD-Arbeitsgruppe zur Entscheidungsfindung, sondern bereits der CD-Agentur bei der Designentwicklung. Auch im Designstudio muss unter einer Vielzahl von Entwurfsalternativen entschieden werden: An welcher Designidee soll weitergearbeitet werden, welche Idee landet im Papierkorb, welcher Ansatz wird der CD-Arbeitsgruppe präsentiert? Die alternativen Entwürfe werden Punkt für Punkt auf die Erfüllung der Kriterien hin untersucht.

Man kann die Kriterien auch gewichten, indem man mit unterschiedlich vielen Punkten bewertet. Schließlich wird es immer Kriterien unterschiedlicher Bedeutung geben. Zum Beispiel könnte bei einem Unternehmen die Umsetzbarkeit eines Logos als Leuchtschild am POS wichtiger sein als die Schwarz-Weiß-Wiedergabemöglichkeit. Oder wie würden sich beispielsweise die individuellen Kriterien „Innovation" und „Tradition" zueinander verhalten? (Viele Unternehmen berufen sich auf eine lange Tradition, bieten aber gleichzeitig innovative Produkte an!) Die entsprechende Gewichtung der Entwurfskriterien obliegt der CD-Arbeitsgruppe.

### Generelle und individuelle Entwurfskriterien
Wir müssen zwischen *generellen* und *individuellen* Entwurfskriterien unterscheiden.

Die generellen Entwurfskriterien haben für alle CD-Programme, unabhängig vom jeweiligen Unternehmen, gleichermaßen Gültigkeit. Anhand der generellen Entwurfskriterien kann überprüft werden, ob eine gestalterische Lösung überhaupt prinzipiell akzeptabel ist. Sie sind Basis-Know-how von Kreativen und unabhängig vom jeweiligen CD-Projekt.

## Generelle Entwurfskriterien für Logos
(Siehe auch Qualitätsstandards für CD S. 34)

### Wahrnehmungspsychologische Anforderungen:
- prägnant
- eigenständig und unverwechselbar
- hohe formale Qualität mit nachvollziehbarer Idee

### Technische Anforderungen:
- gut in schwarz-weiß darstellbar (s/w-Inserat, Kopie, Fax, Stempel)
- extrem verkleinerbar (Visitenkarte, Sponsorzeile)
- vielseitig und systematisch handzuhaben (Leuchtwerbung, Animation)

## Individuelle Entwurfskriterien

### Soll-Ist-Vergleich
Neben den generellen Entwurfskriterien gelten für jedes Corporate-Design-Programm individuelle Entwurfskriterien. Sie ergeben sich aus dem Vergleich der Ergebnisse aus der CI-Analyse (siehe Kapitel 5.3) mit den Rechercheergebnissen. Dieser Soll-Ist-Vergleich zeigt, welche Kernwerte des Unternehmens von den Stakeholdern positiv wahrgenommen werden und welche Kernwerte durch das Design stärker betont werden müssen.

Im Kapitel CI-Analyse haben wir bereits das Leitbild der Firma Manz Crossmedia kennengelernt. Hier nun die daraus entwickelten individuellen Entwurfskriterien, die den Ausgangspunkt zur Namensfindung und zur Logoentwicklung bildeten.

*1. Fallbeispiel Entwurfskriterien:*
## Manz Crossmedia

Im Kapitel 5.4 CI-Analyse habe ich das Leitbild von Manz Crossmedia vorgestellt, aus dem die Positionierung und die Namensfindung abgeleitet wurden. Als nächstes wurden die Entwurfskriterien zur Logoentwicklung definiert.

**Individuelle Entwurfskriterien für die Logoentwicklung:**
- branchentypisch für Druck und Medien

*Einerseits:*
- traditionell – Kompetenz und Erfahrung

*Aber andererseits auch:*
- modern – neue Medien
- dynamisch – medienübergreifend
- sympathisch – Beratung
- aktiv – Gestaltung

Auf Basis dieses Kriterienkataloges wurde schließlich das neue Logo entwickelt. Es besteht aus drei ineinandergreifenden Kreisscheiben in den „RGB"-Farben der neuen Medien (Rot, Grün, Blau). Dort wo sich die Kreise überschneiden, ergeben sich aufgrund der additiven Farbmischung die klassischen Skalenfarben aus dem Vierfarbdruck Cyan, Magenta und Gelb. So ist es gelungen, den abstrakten Begriff „Crossmedia" einprägsam darzustellen.

*Logo von Manz Crossmedia*

Die Manz'sche Druckerei Stein & Co. änderte ihre Corporate Identity und firmiert nun unter dem neuen Namen Manz Crossmedia.

Der Namenswechsel steht für das stark erweiterte Leistungsspektrum: Neben Bogen-Offsetdruck bietet Manz Crossmedia auch Full Service im Bereich Multimedia.

Damit das neue Erscheinungsbild nicht nur oberflächliche Fassadendekoration darstellt, wurde ein umfassender Corporate-Identity-Prozess durchgeführt, in dessen erster Stufe ein Leitbild entwickelt wurde.

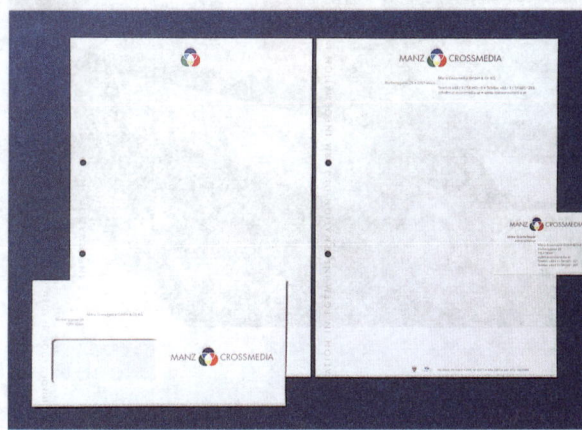

- Drucksorten
- Notizblock
- Gesticktes Logo auf Arbeitskleidung
- Visitenkarte

■ *Lieferwagen*
■ *Dreistufiges Direct Mail*

*2. Fallbeispiel Entwurfskriterien:*
# Rechnungshof

Der österreichische Rechnungshof hatte im Jahr 1998 für sein neues CD einen Wettbewerb an der Höheren Graphischen Bundeslehr- und Versuchsanstalt Wien XIV abgehalten. Die dortige Meisterklasse wurde eingeladen, auf Basis des Leitbilds ein CD-Programm zu entwickeln. Nach ausführlichen Gesprächen mit den Mitarbeitern des Rechnungshofes und einer CI-Analyse entstand gemeinsam mit den Studierenden ein Kriterienkatalog. Diese individuellen Entwurfskriterien wurden als bestehende und künftig gewünschte Imagedimensionen definiert.

**Bestehende positive Imagedimensionen (Ist):**
- genau und präzise
- seriös und überparteilich
- kühl und rational
- objektiv und unbestechlich
- sparsam und effizient

**Zusätzliche Imagedimensionen (Soll):**
- bürgernah und sympathisch
- beratend und unterstützend
- transparent und klar
- modern und flexibel

Im Laufe der Kreationsphase können sich einige Entwurfskriterien auch als widersprüchlich herausstellen. Zum Beispiel werden die Entwurfskriterien „kühl und rational" mit den Kriterien „bürgernah und sympathisch" konkurrieren. Hier hilft nur eine Bewertung und Gewichtung der einzelnen Entwurfskriterien. Gewinnerin des Wettbewerbs war Nicole Mayerhofer, die ihren Entwurf gemeinsam mit dem Autor weiterentwickeln und umsetzen konnte.

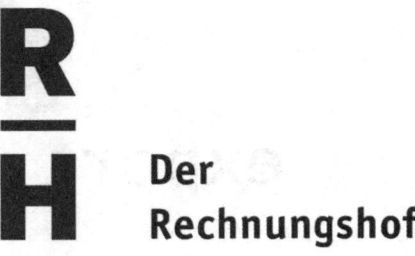

*Logo des Rechnungshofs*

*3. Fallbeispiel Entwurfskriterien:*
## Export Offensive

Die Bundeswirtschaftskammer und das Finanzministerium unterstützten mittels der Export Offensive exportwillige österreichische Unternehmen mit Know-how und finanzieller Hilfe.

**Technische Anforderungen (allgemeine Entwurfskriterien):**
- Logo als Basis für weitere Corporate-Design-Elemente geeignet
- Leicht kombinierbar mit dem Logo der Partnerinstitutionen
- Gute Darstellung bei kleiner Abbildung (Sponsorzeile!)
- Logo gut geeignet für Produktion aller Drucksorten und Werbemittel
- Logo auch in Schwarz-Weiß-Inseraten oder Inseraten mit nur einer Schmuckfarbe gut wiedererkennbar

**Imagedimensionen und Assoziationen (individuelle Entwurfskriterien):**
- Modernität und Technologie
- Dynamik, Bewegung nach außen
- Markt und Wettbewerb
- Österreichbezug
- Geld und Finanzierung
- Sicherheit, Garantie und Bürgschaft
- Stärke
- Regierung
- Kammer
- Hilfe und Unterstützung
- Ausbildung und Weiterbildung
- Information und Kommunikation

Widersprüchliche Begriffe wie „Sicherheit" und „Dynamik" oder „Stärke" und „Kommunikation" wurden von der CD-Arbeitsgruppe gewichtet.

*Logo der Export Offensive*

Dynamik und Bewegung werden durch den perspektivisch verzerrten Buchstaben e vermittelt, der in einem nach oben weisenden Pfeil endet. Die Kleinschreibung des Namens erinnert an das zeitgemäße Schreiben via E-Mail und steht für Information und Kommunikation. Die Farbe Rot stellt einen Bezug zu Österreich dar.

*4. Fallbeispiel Entwurfskriterien:*
## Best-Energy

Die beiden burgenländischen Energieversorgungsunternehmen BEGAS und BEWAG treten mit einer Markenstrategie auf, die den gemeinsamen Vertrieb von Gas und Strom ermöglicht. Auch der Vertrieb von anderen Leistungen, die über Leitungen transportiert werden können, ist geplant. Gemeinsam mit dem Kommunikationsteam der beiden Energieversorger definierten wir den Katalog der Entwurfskriterien.

**Entwurfskriterien für die neue Energiemarke**
- Regionalität im Vordergrund
- Produkte von BEGAS und BEWAG
- Service- und Dienstleistungen
- Kompetenz, Modernität
- Verbindungen herstellen, Verträge vermitteln
- schnell agierend
- persönlicher Kontakt

Die Entwurfskriterien lassen sich auf vier Schlagwörter vereinfachen: „Burgenland – Energie – Service – Technik". Setzt man die jeweiligen Anfangsbuchstaben hintereinander, so ergibt sich das Akronym „Best".

Burgenland. Energie. Service. Technik

*Die strichlierte Linie symbolisiert ungehinderten Transport durch Leitungen. Die Farbe Rot steht für Energie und Aktivität.*

*Die moderne serifenlose Typografie vermittelt Technizität, die fetten Buchstaben Leistungsstärke und Konkurrenzfähigkeit,*

*die gut lesbare Groß-Kleinschreibung Kundennähe und Service.*

*Der Bindestrich am Ende versinnbildlicht das Anschließen und Verbinden mit Leistungen.*

*Fahrzeug, Notizblock und Werbemitel von Best*

# 5.7 Der Katalog der CD-Elemente

Die folgende Liste gilt nicht nur für Produktionsbetriebe, wie der Abschnitt „Produktion" vermuten ließe, sondern ebenso für Dienstleistungs- und Handelsfirmen sowie Vereine und Institutionen, da ja auch Körperschaften in gewisser Form ein „Produkt" anbieten. Die Reihenfolge ist, vom Basisdesign abgesehen (das immer zuerst entworfen werden muss), nicht chronologisch. Für jeden CD-Prozess wird eine eigene Prioritätenliste und ein eigener Zeitplan zu entwickeln sein.

**Basisdesign**

- Logo
- Corporate Color
- Corporate Type
- sekundäre Stilelemente
  (z.B. Dekors, Key Visuals u.Ä.)
- Ordnungssysteme (Layoutraster)
- Foto- oder Illustrationsstile

**Personalbereich**

*Drucksorten:*
- Briefbogen
- Folgeblatt
- Visitenkarte
- Kuverts
- Kurzbrief
- Überreichkarte

*Organisationsmittel:*
- Ordnerrücken
- Telefonnotiz
- Jobbogen
- interne Formulare
- Stempel

*Informationsmittel:*
- Fax
- Arbeitsbestätigung
- Lieferschein
- Rechnung

*Schulungsunterlagen:*
- Folienpräsentation
- Handouts
- Checklisten
- Mitarbeiterzeitung
- Seminarbestätigung

*Kleidung:*
- Arbeitskleidung
- Uniform
- Namensschild
- Kappe
- Dresscodes

**Produktionsbereich**

*Produktausstattung:*
- Industrial Design
- Beschriftung
- Gebrauchsanweisung
- Klebeband
- Verpackung

- Paketkleber
- CD-ROM-Hülle

*Transportmittel:*
- Fuhrpark
- Flugzeug
- Container
- Transportkarton

*Environmental Design:*
- Firmentafel
- Lichtwerbung
- Werbemonument
- Leitsystem
- Innenräume
- Corporate Architecture

**Kommunikationsbereich**

*Werbemittel:*
- Produktprospekt
- Katalog
- Imageinserat
- Vorgaben für
  Werbekampagnen

*Image und PR:*
- Geschäftsbericht
- Imagebroschüre
- Presseinfo
- Pressemappe
- Kundenzeitschrift
- Glückwunschbillet

*Point of Sale:*
- Regalstopper
- Display
- Shop in Shop
- Schaufenster

- Ausstellungsgestaltung
- Messebau
- Showbühne
- Verkostungsstand

*Konferenzausstattung:*
- Notizblock
- Kugelschreiber
- Konferenzmappe
- Tischfahne
- Knatterfahne
- Transparent
- Rednerpult
- Roll-up

*Werbeartikel:*
- Autoaufkleber
- Kugelschreiber
- Mousepad
- USB-Stick
- Werbegeschenke

*Wertpapiere:*
- Aktie
- Urkunde
- Gutschein
- Geschenkmünze
- Rabattkarte
- Clubkarte
- Polizze

*Screendesign*
- Website
- Intranetauftritt
- Social Media
- Banner
- Newsletter
- Apps
- CD-ROM

# 5.8 Alles neu oder Redesign?

Wenn ein Unternehmen gegründet wird, kann natürlich ein völlig neues CD-Programm entwickelt werden. Handelt es sich jedoch um die Modernisierung eines bereits existierenden Unternehmens, muss entschieden werden, ob der radikale Schnitt eines gänzlich neuen Designs gewagt werden kann oder ob, aufbauend auf bestehenden Elementen, ein Redesign des CD vorgenommen wird. Dabei sind drei Überlegungen anzustellen:

**1. Ist das existierende CD bei allen Zielgruppen fest verankert?**
Häufig wird nämlich der Bekanntheitsgrad bestehender CD-Elemente von den Unternehmen überschätzt. Hier kann nur Marktforschung verlässlich Auskunft geben. Falls das bestehende CD keinen großen Bekanntheitsgrad besitzt, kann ein komplett neues Logo entwickelt werden.

**2. Sind Bestandteile des existierenden CD geeignet, weiterverwendet zu werden?**
Manche historische Logos zeigen Symbole, die für heutige Unternehmen nicht mehr gültig sind. (Z.B. die Schiffsflagge für Paul Günther, das Unternehmen, das sich vom Frächter zum modernen Logistikunternehmen gewandelt hat.) Solche veralteten Bilddarstellungen müssen aus dem Logo entfernt werden. Eine Ausnahme können alte Symbole sein, wenn die Tradition eines Unternehmens unterstrichen werden soll, wie im Falle der Universität Wien, die sich mit der Darstellung ihres Siegels von weniger traditionsreichen Universitäten und den Fachhochschulen deutlich abgrenzt. Hier werden die dazu kontrastierenden Entwurfskriterien Modernität und Kommunikation durch serifenlose Typografie in Kleinschreibung und eine Ligatur signalisiert.

*Logo Universität Wien*
*alt (oben)*
*und Redesign (rechts)*

UNIVERSITÄTS
**BIBLIOTHEK**

POSTGRADUATE
CENTER

alumni
uniwien

**universität
wien**

zentraler
informatik
dienst

## Designstrategie

Da für die Universität Wien sowohl die Entwurfskriterien Tradition als auch Innovation erfüllt werden mussten, wurden zwei grundlegende Designentscheidungen getroffen:

1. Beibehaltung des Siegels als Symbol für Tradition und Qualität.

2. Entwicklung eines individuellen Schriftzugs mit moderner Anmutung.

## Siegel

Das Universitätssiegel bleibt als historisches Element dechiffrierbar. Zur besseren Druck-

wiedergabe wurde das Siegel nur leicht überarbeitet.

## Schriftzug

Die serifenlose Antiquaschrift strahlt sowohl die Eleganz einer Antiquaschrift als auch die Sachlichkeit einer Groteskschrift aus. Die Gemeinen (Kleinbuchstaben) signalisieren Modernität und Kommunikation.

Ligatur:
Die Ligatur (zwei Einzelbuchstaben zu einer einzigen Form vereint) „un" macht den Schriftzug unverwechselbar und symbolisiert Vernetzung und Kommunikation.

dieuniversitaet
online

CTL center for teaching and learning

sport.
science

student
point

■ Logo
■ Flaggen
■ Submarken der Universität Wien

**3. Ist ein völlig neues CD finanziell und logistisch überhaupt vertretbar?**
Im Falle einer Einzelhandelskette mit weit mehr als 100 Filialen ist eine Umstellung sämtlicher Märkte auf die neue Corporate Architecture nur über mehrere Monate möglich; man könnte in diesem Zeitraum aber kaum zwei unterschiedliche Werbekampagnen gleichzeitig durchführen, damit auch jeder Kunde seinen Markt findet. Deshalb wird man sich vielleicht in diesem Fall für ein Redesign entscheiden. Redesign, weil hier auf Bekanntem aufgebaut wird und Alt und Neu eine Zeit lang nebeneinander existieren können.

**Mutationskorridor**
Soll ein Redesign entwickelt werden, ergibt sich die Frage nach dem Ausmaß der Designmaßnahmen zwischen behutsamem Redesign und radikalem Wandel. Würden sämtliche Gestaltungsmöglichkeiten ausgeschöpft, ist die beim Redesign geforderte Wiedererkennbarkeit nicht mehr gewährleistet. Es gilt also, verantwortlich einen präzisen *Mutationskorridor* zu berücksichtigen.

**Mutationsparameter für ein Logo-Redesign**
■ Typografie:
- Groß-/Kleinschreibung oder nur Versalien bzw. nur Gemeine?
- Antiqua oder Grotesk?
- Andere Schreibweise (z.B. „Best.Seller" anstatt „Bestseller")?
- Entfernung von Slogan
  oder Namensbestandteilen (z.B. „Gebrüder...")

■ Ikonografie:
- Modernisierung oder Entfernung veralteter Bildsymbole?
- Übernahme oder Entfernung von dekorativen Elementen
  (Umrahmungen, Linien etc.)?

■ Farben:
- Beibehaltung oder Änderung der Farbtöne?
- Wegnehmen oder Hinzufügen einer Logofarbe?

Wird dieser Mutationskorridor überschritten, ist eine Wiedererkennbarkeit des ursprünglichen Logos nicht mehr gewährleistet bzw. kann nur mit hohem Kommunikationsaufwand den Zielgruppen „verkauft" werden.

Der österreichische Wäschehersteller Palmers, der auch ein eigenes Filial-netz unterhält, ließ im Jahr 2005 sein Logo überarbeiten. Dabei wurden sämtliche Mutationsparameter ausgeschöpft: Die Typografie wurde deut-lich schlanker und niedriger, das Symbol der Krone wurde dynamischer gezeichnet und die weithin bekannte und unverwechselbare Farbe Grün (als „Palmersgrün" im allgemeinen Sprachgebrauch bekannt) wurde gegen ein modisches Olivgrün ausgetauscht, das jede Alleinstellung unmöglich macht. Dabei war das ursprüngliche „Palmersgrün" eine der wenigen markenrechtlich geschützten Farben! Hier kann man wohl von einer Überschreitung des Mutationskorridors sprechen und von einer Vernichtung von Unternehmenswerten.

*Logo Palmers alt (links) und Redesign (rechts)*

Bei Drucklegung dieses Buches hat man im Hause Palmers den strategi-schen Fehler erkannt und ist zum alten Design zurückgekehrt!

## 5.9 Kreation

Jetzt endlich – nach CI-Analyse, Recherchen und Definition der Entwurfs-kriterien – kann mit der kreativen Arbeit begonnen werden!

Wichtige Weichenstellungen auf dem Weg zum perfekten CD werden in den Meetings der CD-Arbeitsgruppe getroffen. Damit sich deren Mit-glieder ein gutes Bild von der jeweils präsentierten Gestaltungslösung machen können, werden alle Entwürfe so wirklichkeitsnahe wie möglich ausgeführt:

- Blindtexte, aber realistische Textmengen
- Papierqualitäten, so wie sie geplant sind
- Fahrzeugabmessungen des wirklichen Fuhrparks etc.
- Realistische Fassadenmaße statt idealisierter Gebäudetypen

Die CD-Arbeitsgruppe entscheidet unter Zuhilfenahme der generellen und individuellen Entwurfskriterien jede einzelne CD-Anwendung.

# Basisdesign

Der Kreationsprozess beginnt mit der Entwicklung des Basisdesigns.
Hier fallen die grundlegenden Designentscheidungen:

- Logo
- Corporate Colour
- Corporate Type
- Sekundäre Stilelemente
- Ordnungsprinzip

## Logo

Das Logo ist die weithin sichtbare Spitze des CD-Gebirges. (Was im Falle
des Gipfelkreuzes der christlichen Kirchen ja durchaus wörtlich zu nehmen ist.) Darunter breitet sich die weite Landschaft aller CD-Elemente bis
zum Horizont aus. Form und Farben des Logos sowie die genauen
Anwendungsvorschriften sind das erste Kapitel jedes CD-Manuals. Bevor
wir zu den gestalterischen Fragen rund um das Logo kommen, sollten wir
uns den Begriff des Logos und die verwandten Begriffe ansehen.

### Firmenlogo, Produktlogo

In diesem Buch, das die visuelle Identität von Unternehmen behandelt,
meinen wir „Firmenlogo", wenn wir „Logo" sagen. Logos können aber
auch Produktlogos sein, also Logos, die einem spezifischen Produkt oder
einer Dienstleistung unverwechselbare Identität verschaffen sollen. Vor
allem Produktlogos werden umgangssprachlich meist als „Marken" bezeichnet. Weiter unten werden wir auf die unterschiedlichen Marken-
begriffe eingehen.

### Definition

Die Definition des Logobegriffs bei *init_cd* nennt den Aspekt des Unter-
nehmenslogos nicht, ist aber ansonsten klar und treffend:

*„Der Begriff Logo bezeichnet ein Zeichen, bestehend aus Buchstaben,
grafischen Elementen oder Bildern, oder eine Kombination daraus, zur
eindeutigen Identifikation der Herkunft einer Dienstleistung oder eines
Produkts."* (init_cd, Qualitätsstandards für Corporate Design, designaus-
tria/Creative Industries Styria, 2011)

81

## Logotype

„Logotype" (deutsch ausgesprochen) ist ein historischer Begriff. Er stellt den Ursprung des Begriffes „Logo" dar. Die Logotype war zu Zeiten des Bleisatzes eine Buchstabenkombination, die so häufig verwendet wurde, dass die betreffenden Lettern in einer einzigen zusammenhängenden Form gegossen wurden (ebenso: Ligatur). Von diesem Ursprung her gesehen meint also der Begriff „Logo" nur einen Schriftzug. Ich empfehle allerdings, die Bezeichnung „Logo" als Überbegriff zu verwenden, egal ob ein Bildsymbol enthalten ist oder es sich um eine rein typografische Lösung handelt.

## Signet

Der Begriff „Signet" kommt ursprünglich aus dem Lateinischen, von „signum" – Zeichen, aus „secare" – schneiden. Ein Kerbholz wurde mittels Einschnitt mit einem Zeichen versehen. Als Signet wird ein Logo in Form eines Bildzeichens bezeichnet, das keine typografischen Bestandteile hat.

*Signet Mercedesstern*

## Schriftzug

Als Schriftzug bezeichnet man ein Logo in Form einer Buchstabenkombination.

# Mercedes-Benz

*Schriftzug Mercedes*

## Signet mit Schriftzug

Das ist die gebräuchlichste Form eines Logos. Die meisten Logos sind eine Kombination aus Signet und Schriftzug. Dabei kann das Signet einzeln stehen, wie beim SPAR-Logo, oder in den Schriftzug integriert sein, wie beim ehemaligen Logo der Bank Austria. Signets alleine wären heutzutage schwer erlernbar und bedürften hierzu einer großangelegten Werbekampagne. Dafür nämlich, dass ein Signet so bekannt wird wie der berühmte Mercedesstern, bedarf es vieler Jahre Kommunikationstätigkeit und etlicher Werbemillionen.

*Logo Mercedes*

### Wie Logos funktionieren
Ein gut gestaltetes Firmenlogo löst Anmutungen aus, die positive Imagedimensionen für das Unternehmen darstellen. Solche Anmutungen könnten beispielsweise sein: Dynamik, Stärke und Ge-schwindigkeit oder Ruhe, Seriosität und Verlässlichkeit.

Manche Unternehmen wünschen sich Logos, die eine ganz konkrete Aussage beinhalten. Man solle auf den ersten Blick ihr Produkt oder ihren besonderen Vorteil erkennen können. Aber ein Logo ist kein Piktogramm! Denn Piktogramme sollen nicht nur Anmutungen auslösen, sondern unmissverständlich eine klare Botschaft übermitteln (z.B. Männchen-Piktogramm für die Herrentoilette).

Ein Logo sollte normalerweise keine konkreten Produkte, Dienstleistungen, Produktionstechnologien oder Firmengebäude darstellen. Die Gefahr einer vorzeitigen Veralterung wäre zu groß, z.B. wenn eine bestimmte Produktionsweise dargestellt wird, die eines Tages technisch überholt ist. Typisch für so einen Fehler war das ursprünglich so beliebte Darstellen von Pinseln und Buntstiften im Logo von Designstudios. Heute, wo in einem Designstudio alles am Computer realisiert wird, sind diese Logos überholt und kaum redesignfähig. Gegenständliche Logos beinhalten die Gefahr fehlgeleiteter Assoziationen.

Unsere Assoziationen beim Betrachten von Logos sind abhängig von unserem sozialen und kulturellen Umfeld. Symbole werden von verschiedenen Zielgruppen auch unterschiedlich verstanden. Logos funktionieren dann richtig und haben große Lebensdauer, wenn sie möglichst viel Interpretationsspielraum zulassen und nicht eindimensional einen einzigen Gedanken darstellen wollen. Über den Zusammenhang von Zeichen und ihrer Bedeutung gibt die Semiotik Aufschluss, auf die einzugehen hier nicht genügend Platz ist. (Umberto Eco, Einführung in die Semiotik, siehe Literaturliste im Anhang.)

Der Publizist und Markenanalytiker Wolfgang Pauser sagt über den Mercedesstern:

*In der Moderne hat sich der „Griff nach den Sternen" in technische Rationalität umgesetzt, die „Himmelsmaschine" wurde auf die Erde heruntergebracht. An die Stelle des mystischen Nachsinnens über die ewigen Gesetze des „Großen Wagens" und der „Milchstraße" ist das methodische Wissen getreten. Aus dem Glauben, der Kosmos sei geometrisch konstruiert, wuchs die neuzeitliche Praxis des Konstruierens. Als Leitstern der historischen Entfaltung technischer Rationalität hat das gezackte Symbol immer noch seinen festen Platz auf dem Automobil. (...) In diesem Leitstern der Vernunft liegen nicht nur die kulturhistorischen Anfangsgründe der modernen Technik beschlossen, er markiert auch weiterhin den Horizont und Fluchtpunkt unserer technologischen Kultur.*
*(W. Pauser, Sterndeutung, unveröffentlichtes Manuskript, Wien 2000)*

### Was Logos können müssen
Jeder Logoentwurf muss, unabhängig von der oder den Firmenfarben, auch schwarz-weiß gut aussehen. Andernfalls lässt er sich weder fotokopieren noch faxen noch als Stempel verwenden. Auch wird man nicht jedes Inserat oder jede Publikation immer mehrfarbig drucken können.

Bei der Präsentation des Logoentwurfs muss auch eine extrem verkleinerte Version des Logos gezeigt werden, denn so mancher Logoentwurf mag groß abgebildet beeindruckend aussehen, bei starker Verkleinerung lassen sich allerdings wesentliche Details nicht mehr erkennen. Solch eine verkleinerte Abbildung des Logos kann in sogenannten Sponsorzeilen vorkommen, wo manchmal zu allem Übel auch nicht die originalen Firmenfarben verwendet werden können.

Bei vielen Unternehmen könnte eine dreidimensionale Umsetzung des Logos als Monument oder auch als Werbegeschenk infrage kommen. Eine derartige Eignung muss geprüft werden. Ebenso wie die Eignung zur Animation, die durch die rasante Entwicklung geeigneter Software auch für Kleinunternehmen schon machbar ist.

Ein gutes Logo ist so konstruiert, dass ein herausgelöstes Bildelement auch alleine als Zeichen des betreffenden Unternehmens identifiziert wird. Ein Beispiel dafür ist das ehemalige Logo der Bank Austria mit seiner „Welle" oder das Logo der Praxisgemeinschaft Corpus. Der Buchstabe *O* des Namens wird aus einem Bildzeichen gebildet, das auch alleine stehend als Signet eingesetzt werden kann.

*Wortbildmarke und Signet der Praxisgemeinschaft Corpus*

**Checklist: Was soll ein Logo?**
- auffallen und erinnert werden
- einzigartig und unverwechselbar sein
- Anmutungen, Assoziationen hervorrufen
- vielschichtig, mehrdeutig sein
- Symbol für eine Haltung sein (Corporate Identity)
- in eine Branche passen
- einfach und vielseitig verwendbar sein

**Checklist: Was soll ein Logo nicht?**

■ an ein anderes Logo erinnern

■ eindimensional sein, eine klare Botschaft haben

■ konkrete Produkte oder Methoden etc. zeigen

■ modisch sein

■ langweilig sein

■ schwer anwendbar sein (schwarz-weiß, Kleinstformat, negativ)

(siehe auch Qualitätsstandards für CD S. 34)

Erst wenn all diese generellen Kriterien für den Logoentwurf erfüllt sind, kann man von einem prinzipiell geeigneten Entwurf sprechen, der nun nach den individuellen Entwurfskriterien beurteilt werden muss.

### Flexible Logos

Seit den ersten zehn Jahren des zweiten Jahrtausends tauchen Logos auf, die mit einem bislang unumstößlichen Gesetz des Logodesigns brechen: der Unveränderbarkeit. Plötzlich gibt es Logos, deren Formen und Farben sich je nach Anwendungszweck ändern. Es scheint sinnvoll, zwischen flexiblen Logos und generativen Logos zu unterscheiden.

Flexible Logos haben, in einem vorgegebenen Rahmen, einen oder mehrere veränderbare Parameter. Die CD-Agenur entwickelt ein begrenztes Repertoire von Logovarianten, aus denen jeweils eine passende Variante gewählt werden kann. Bei Bedarf können weitere Varianten in Auftrag gegeben werden.

### Generative Logos

Generative Logos werden automatisch generiert. Die Zahl ihrer Varianten kann ins Unendliche gehen. Ihre Formvarianten werden nicht von Designern gestaltet, sondern von Algorithmen automatisch generiert.

Solche Algorithmen machen Sinn, wenn sie eigens für ein CD entwickelt werden; dort bestimmen ausgewählte Parameter das Erscheinungsbild des Logos bzw. der jeweiligen Logovariation. So ändert sich bei der Konzerthalle *Casa Da Musica* im portugiesischen Porto je nach Veranstaltung das Aussehen des Logos. Der Grafiker Stefan Sagmeister zeigt dabei das auffällige Gebäude (Architekt: Rem Koolhaas) in immer neuen Perspektiven. Aber nicht nur die Form ändert sich. Wie bei einem Chamäleon ändern sich auch die Logofarben. Sie werden mit einer eigens entwickelten Software aus einem Foto oder einem Gemälde des aktuellen Interpreten herausgelesen. So erhält jedes Konzert seine eigene Logovariante.

*Casa da Musica: Generatives Logo von Stefan Sagmeister, Sagmeister & Walsh.*
*Eine eigens entwickelte Software liest Farbwerte aus dem Portraitfoto aus und überträgt sie auf das Logo.*

## Dynamisches Corporate Design

Solche sich wandelnde Logos wirken sich natürlich auf das gesamte CD-Programm aus. Im klassischen CD gelten klar definierte Schutzzonen rund um ein Logo. In diese Schutzzonen darf kein fremdes Element eindringen. Bei sich ständig ändernden Logoformen ist eine genaue Definition der Schutzzone nicht mehr möglich. Corporate-Design-Programme mit flexiblen oder generativen Logos werden auch *flexible identities* oder *dynamic identities* genannt.

Bevor wir die Vor- und Nachteile von Dynamischem CD betrachten, müssen wir die Frage stellen, wie es zu dieser Entwicklung gekommen ist. Die Antwort liegt in der technologischen Entwicklung der Medien und in Marketingtrends. Bildschirmmedien und damit das Screendesign spielen heute eine dominante Rolle in der Kommunikation. Einheitliche Gestaltung von Websites und Apps auf Desktop-Computern, Tablets und Smartphones braucht keine starren Vermaßungsangaben, sonden Designelemente, die sich automatisch an die Dimensionen des jeweiligen Geräts anpassen.

Gleichzeitig hat das Marketing die „volatilen KundInnen" entdeckt: Heutige Konsumenten lassen sich kaum mehr durch starre soziodemografische Eigenschaften beschreiben. Man kauft einmal beim Diskonter ein und ein andermal beim Feinkosthändler. Die Wünsche der KundInnen sind vielfältig und die Social Media sorgen dafür, das jegliches Konsumverhalten Industrie und Handel bekannt ist. Um ihre Kundschaft zu halten, müssen Marken sich ständig den wechselnden Wünschen anpassen. Und das Corporate Design soll dann genau diese Flexibilität ausstrahlen. Da lag es nahe, auch vom CD Dynamik zu fordern.

Ist dynamisches CD wirklich so neu? Auch dynamisches CD benötigt konstante Elemente. Wenn sich immer alles ändert, kann es keine Wiedererkennbarkeit geben. Wenn man dynamische Logos vergleicht, wird man bald feststellen, dass bei aller Vielfalt immer noch ein kleiner Bestandteil unveränderbar bleibt. Meist ist es der Schriftzug, dessen Schrift, Schnitt und Schreibweise unverändert bleiben. Es sind die sekundären Stilelemente, in denen die Variantenvielfalt ausgespielt wird. Manchmal ist es auch eine Grundform, die unverändert bleibt, aber je nach Anlass mit verschiedenen Texturen gefüllt wird, wie beim Logo des Telekommunikationsanbieters A1.

*Flexibles Logo von A1*

Diese Dynamik lässt sich in Werbekampagnen gut spielen; bei Inseraten- und Plakatkampagnen werden immer neue Varianten gedruckt. Aber am Point of Sale ist man gezwungen, konstante Elemente zu zeigen. Bei A1 sind das grüne Linien, große weiße Flächen und das schwarze Logo. Dynamische Logos lassen sich als Leuchtwerbung oder im Shopdesign nicht abwandeln wie eine Website.

*Konstante Elemente im Shopdesign von A1:*
*Die grüne Linie, weiße Flächen und das schwarz-weiße Basislogo*

## Dynamische Logos auf dem Prüfstand

Wir haben in Kapitel 3.3 die Qualitätsstandards für CD vorgestellt. Wir wollen im Folgenden untersuchen, ob flexible Logos die Qualitätsstandards für Logos (siehe S. 34) erfüllen können:

*Das Logo ist formal eigenständig.*
Ja. Dynamische Logos können auch formal eigenständig sein.

*Das Logo beinhaltet eine nachvollziehbare Idee.*
Eingeschränkt. Die Idee lässt sich oft erst nach mehreren Kontakten mit unterschiedlichen Varianten nachvollziehen.

*Das Logo spiegelt den Unternehmenscharakter wider.*
Eingeschränkt. Dynamische Logos können den Unternehmenscharakter widerspiegeln, aber nur dann, wenn seine Werte, und damit die Entwurfskriterien, Veränderbarkeit, Flexibilität und Dynamik lauten.

*Das Logo ist umsetzbar für alle erforderlichen Elemente des Corporate Designs.*
Nein. Die verführerische Leuchtkraft der Farben auf Bildschirmmedien lässt sich nicht außerhalb des Screendesigns wiedergeben. In der Corporate Architecture sind dynamische Logos nur sehr kostenintensiv umsetzbar. Auf Drucksorten müssen flexible Logos starr bleiben. Auf Werbemitteln, z. B. einem Werbekugelschreiber, lässt sich ein dynamisches Logo nicht verwirklichen. Die laufende Entwicklung von neuen Logovarianten und deren Umsetzung ist sehr kostenintensiv.

*Das Logo hat formale Qualität.*
Ja. Dynamische Logos können auch formale Qualität haben.

*Das Logo ist unverwechselbar.*
Eingeschränkt. Die große Formenvielfalt birgt Verwechslungspotential.

*Das Logo ist prägnant.*
Nein. Die Gesetze der Prägnanz stehen im Widerspruch zur Formenvielfalt.

*Das Logo ist langlebig.*
Eingeschränkt. Nur wenn das konstante Element sehr stark ist.

*Das Logo ist international.*
Ja. Dynamische Logos können international funktionieren.

*Das Logo ist branchentypisch („riecht" nach der Branche).*
Eingeschränkt. Dynamische Logos passen vor allem zu Branchen mit schnell wechselndem Produkt- oder Leistungsportfolio und volatilen KundInnen. Bei konstantem Angebot und treuer Kundschaft macht dynamisches Design weniger Sinn.

Nach diesem Vergleich lässt sich festhalten: Sieben von zehn Qualitätskriterien sind nicht oder nur eingeschränkt erfüllt. Zwei Kriterien können dynamische Logos gar nicht erfüllen. Dynamische Logos sind nur für Branchen geeignet, die selbst extrem dynamisch sind. Dynamische Logos lassen sich nur in Bildschirmmedien schnell und kostengünstig realisieren. Ideal geeignet für dynamische Logos wären daher z.B. Internetdienstleister. Auch Theater, Opernhäuser und Kunstmuseen scheinen für dynamische Logos gut geeignet, da dort ständig wechselnd neue Inhalte geboten werden. Große Marken können Schwierigkeiten beim Design von Submarken (siehe Brand Extension und Line Extension, S. 94) bekommen, weil eine Vielzahl von Logovarianten die Markenhierarchie unübersichtlich macht. Letztendlich sind es die Entwurfskriterien, die ausschlaggebend sind, ob die Strategie eines dynamischen CD gewählt wird.

Es fällt auf, dass einige flexible CD-Programme nach wenigen Jahren Gebrauch wieder in unveränderbare Logos zurückdesignt worden sind, so geschehen bei den britischen Tate Galleries.

*Wolf Ollin's: Flexible Logos der Tate Galleries, 2010*

*Northdesign: Redesign 2016*

# Exkurs: Marke und Markentechnik

Marke bezeichnet einen ideellen Wert: die Summe aller Eigenschaften eines Unternehmens, einer Dienstleistung oder eines Produkts, die von den Stakeholdern wahrgenommen werden. Die englische Übersetzung von „Marke" ist „Brand" (Branding – Vieh mit Brandmarke kennzeichnen).

Der Begriff „Marke" entstand zu Beginn des 20 Jahrhunderts. Der deutsche Grafiker und Werbepsychologe Hans Domizlaff begründete 1939 mit seinem Buch „Die Gewinnung des öffentlichen Vertrauens" die Markentechnik. Er entdeckte, dass ein Produkt einzigartige und unverwechselbare Eigenschaften haben muss, um am Markt erfolgreich zu sein und somit zur Marke werden zu können. (Damals hatte ein Unternehmen gewöhnlich nur ein einziges Produkt, daher unterschied Domizlaff noch nicht zwischen *Unternehmensmarke* und *Produktmarke*.) Domizlaff gilt auch als Begründer des Corporate Design, denn als Erster forderte (und realisierte) er den einheitlichen Stil von Fabriksarchitektur, Verpackung und Werbung.

### Keine Marke ohne Logo

„Logo" ist kein Synonym für „Marke". Weil es keine Marke ohne Logo geben kann, werden die beiden Begriffe oft verwechselt. Das Logo repräsentiert die Marke auf kleinstem Raum. Es ist unverzichtbarer Bestandteil einer Marke. Logos werden von Grafikstudios geschaffen, Marken von Unternehmen.

# Markenarchitektur und Markenportfolio

### Submarken

Heute gibt es kaum mehr Unternehmen, die nur ein einziges Produkt herstellen oder nur eine einzige Dienstleistung anbieten *(Monomarke oder Einzelmarke)*. Selbst Dienstleister, wie z. B. Versicherungen, werden ihre unterschiedlichen Versicherungsangebote in unterschiedliche *Submarken* aufgliedern. Das genaue Verhältnis der Submarken zu ihrer Dachmarke wird *Markenarchitektur* genannt.

### Abstrakte Dachmarke

Es gibt Unternehmen, deren Produktmarken bekannter sind als ihre eigentliche Firmenmarke. Das gilt z. B. für Waschmittelkonzerne, deren Strategie schon immer darin bestanden hat, ihre Produkte in den Vordergrund zu stellen und als Hersteller im Hintergrund zu bleiben. Auf diese Weise kann ein und derselbe Produzent zwei scheinbar konkurrierende Produkte auf den Markt bringen und mehrere Zielgruppen gleichzeitig ansprechen. So sind die Produktmarken „Persil" und „Dixan" jedermann, dank intensiver Bewerbung, gut bekannt; dass der Hersteller beider Marken jedoch Henkel heißt, wissen die wenigsten. Solche Unternehmensmarken nennt man *abstrakte Dachmarken*.

Das Henkel-Logo erscheint nur untergeordnet auf dem Packungsdesign, oft nur auf der Rückseite, immer winzig klein und häufig nur schwarz-weiß. Die abstrakte Dachmarke Henkel wirkt also als Empfehlung für das jeweilige Produkt. Eine solche abstrakte Dachmarke heißt daher *Endorsermarke* (engl. für „befürworten", aber auch „mit einem Zusatz versehen").

### Konkrete Dachmarke oder Familienmarke

Andere Unternehmen stellen die Dachmarke stärker in den Vordergrund und verleihen ihren Produkten funktionalistische Bezeichnungen. Mercedes-Benz ist eine *konkrete Dachmarke*. In der Fachliteratur wird auch der Begriff *Familienmarke* verwendet. Die Produktgruppen werden oft nur mit Buchstaben benannt: A-Klasse, B-Klasse, C-Klasse usw. Die konkreten Produkte sind mit Zahlenkombinationen benannt: 200, 250, 350 etc. Hinzu kommen Produktdifferenzierungen durch Buchstabenkombinationen: CDI, CGI, AMG etc. Die Dachmarke „Mercedes-Benz" wird dabei immer genannt.

## Markenportfolio

Mehrere Submarken nennt man *Markenportfolio*. Je nachdem, ob es sich um eine abstrakte oder eine konkrete Dachmarke handelt, gibt es für das Logodesign der Submarken unterschiedliche Gestaltungsfreiheit: Unterhalb einer abstrakten Dachmarke dürfen die Submarken sehr unterschiedlich gestaltet werden, nur die Endorsermarke verweist auf das herstellende Unternehmen. Abstrakte Dachmarken benötigen zur Einführung neuer Submarken kostenintensive Werbemaßnahmen.

Abstrakte Dachmarken können viele voneinander unabhängige Submarken als Einzelmarken führen. Der Konzern Procter & Gamble führt in seinem Markenportfolio mehrere Einzelmarken, u. a. Braun-Rasierapparate, Duracell-Batterien, Pampers-Windeln und Pringles-Snacks.

*Abstrakte Dachmarke Procter & Gamble mit einigen ihrer Submarken (Einzelmarken)*

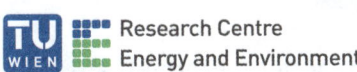

*Konkrete Dachmarke (Familienmarke) TU Wien mit einigen ihrer Submarken*

Unterhalb einer konkreten Dachmarke dürfen sich die Submarkenlogos nur marginal unterscheiden. Die Familienzugehörigkeit muss deutlich erkennbar sein. Konkrete Dachmarken werden daher auch *Familienmarken* genannt. Konkrete Dachmarken können neue Produkte mit wenig Kommunikationsaufwand auf den Markt bringen. Voraussetzung ist natürlich eine entsprechende Bewerbung der Dachmarke (Imagekampagne).

## Line Extension

Submarken innerhalb einer Markenfamilie entstehen meist aus einem ursprünglichen Ausgangsprodukt. Wenn die konkrete Dachmarke UHU um weitere, ähnliche Produkte erweitert wird, wie z. B. UHU-Sekundenkleber, UHU-Patafix, spricht man von *Line Extension*. (Übrigens ist UHU eine Marke der Bolton Group, also ist UHU selbst auch wieder eine Submarke ...)

Oben haben wir die Markenarchitektur der Technischen Universität Wien (TU Wien) gezeigt. Da sämtliche Submarken der TU Wien mehr oder weniger direkt der Kernleistung Forschung und Lehre zuzuordnen sind, kann man hier ebenfalls von Line Extension sprechen.

Wenn das berühmte Hotel Sacher Dienstleistungen anbietet, die seinem Stammgeschäft Hotellerie sehr nahe sind, z. B. *Sacher-Bar* und *Café Sacher*, sind das Submarken im Sinne einer Line Extension. Auch die bekannte *Sacher-Torte* kann man noch als Line Extension bezeichnen.

## Brand Extension

Wenn ein Markenimage auf eine gänzlich andere Produktkategorie übertragen werden soll (Imagetransfer), spricht man von *Brand Extension*. Als theoretisches Beispiel möchte ich noch einmal das Hotel Sacher in Wien nehmen. Würde die Dachmarke *Sacher* „Sacher-Immobilien" oder „Sacher-Reisen" auf den Markt bringen, wären das Submarken im Sinne einer Brand Extension.

Für das Design von Brand Extensions und Line Extensions gilt noch mehr, was wir für Submarken unter konkreten Dachmarken (Familienmarken) bereits festgestellt haben, sie müssen sehr selbstähnlich gestaltet werden.

## Der juristische Markenbegriff

Neben dem Markenbegriff der Markentechnik existiert in der Recht-
sprechung ein weiterer Markenbegriff: die Marke als geistiges Eigentum.
Mit dem juristischen Markenbegriff kehren wir wieder näher zum Thema
Logo zurück.

### Wortbildmarke

Die Wortbildmarke bezeichnet ein beim Patentamt geschütztes Logo;
Voraussetzung ist die grafische Gestaltung, sozusagen das Bild des Wor-
tes, mit oder ohne Signet, also ein Logo.

*Wortbildmarke Coca Cola*

### Wortmarke

Die Wortmarke ist kein Schriftzug! „Wortmarke" ist ein juristischer Begriff und meint einen beim Patentamt geschützten Namen, unabhängig
von seiner grafischen Form!

**COCA COLA**

### Bildmarke

Auch „Bildmarke" ist ein juristischer Begriff und meint ein beim Patentamt geschütztes Signet.

*Bildmarke Nike*

95

Nach unserem Exkurs in die Markenbegrifflichkeit kehren wir wieder zum Basisdesign zurück.

## Corporate Colour

*„… die für ein Unternehmen bewusst eingesetzte Farbgestaltung zur Vermittlung des Unternehmenscharakters. Sie sichert durch konsequente Anwendung die Wiedererkennbarkeit im jeweiligen Kontext und definiert die Mengenverhältnisse aller verwendeten Farben zueinander."* (init_cd, 2010)

**Einflussfaktoren und Entscheidungskriterien bei der Farbwahl im CD**
Aus dem Jahr 1988 stammt eine Untersuchung, in der Blau als Lieblingsfarbe der Deutschen festgestellt wurde, gefolgt von der Farbe Rot (Eva Heller, Wie Farben wirken, Droemer 2000).

Im Rahmen einer von mir betreuten Diplomarbeit wurde untersucht, ob diese Resultate auch heute in Österreich noch gültig sind und ob die Lieblingsfarbe Einfluss auf die Wahl der Logofarben österreichischer Unternehmen hat (Manuela Ertl, Einflussfaktoren und Entscheidungskriterien bei der Farbwahl im CD, Diplomarbeit am Fachhochschul-Studiengang Marketing & Sales der FH Wien, 2006).

Die erste Hypothese bestätigte sich: Die Lieblingsfarbe der ÖsterreicherInnen im Jahr 2005 ist Blau, gefolgt von Rot. Es ist anzunehmen, dass sich das bis heute nicht geändert hat.

Auch die zweite Forschungsfrage konnte Ertl grundsätzlich positiv beantworten, wenn auch nicht 100%ig signifikant. Zumindest lässt sich festhalten, dass die beliebteste Logofarbe bei den in Österreich angemeldeten Logos Blau ist, allerdings gefolgt von Schwarz. Untersucht wurden nur zweifarbige Logos, denn unter den einfarbigen Registrierungen gibt es viele Logos, die zwar mit schwarz-weißen Abbildungen angemeldet wurden, jedoch in Wahrheit eine oder mehrere Farben haben. Auch vielfarbige Logos wurden nicht untersucht, da hier die Feststellung einer dominanten Firmenfarbe nur schwer möglich ist.

Warum ist bei den Logos die zweithäufigste Farbe Schwarz, wenn doch Rot die zweitliebste Farbe der ÖsterreicherInnen ist? Bei genauer Betrachtung der Logos zeigte sich, dass die meisten zweifarbigen Logos Blau für den Bildanteil im Logo, z. B. für ein Signet, verwenden und die Farbe Schwarz besonders oft für den Schriftzug verwendet wird. Rot ist bei den beliebtesten Logofarben nur auf Platz drei gelandet, weil auch Logos mit rotem Signet zumeist einen schwarzen Schriftzug aufweisen.

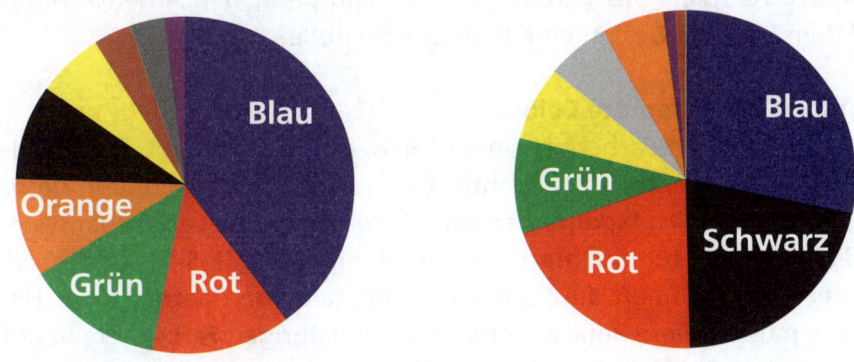

*Beliebteste Farben der Österreicher (links) und beliebteste Logofarben bei zweifarbigen Logos in Österreich (rechts)* (nach M. Ertl, 2006)

**Technische Aspekte der Farbwahl**
Um die Produktionskosten bei Drucksorten gering zu halten, empfiehlt sich die Beschränkung auf zwei Farben oder Schwarz plus eine Schmuck-farbe. Visitenkarten und Briefe können auf einer Zweifarben-Off-setdruckmaschine kostengünstig gedruckt werden. Da es keine Drei-farbmaschinen gibt, müsste ein dreifarbiges CD auf teuren Vierfarbma-schinen produziert werden.

Auch der Digitaldruck birgt Gefahren für die Wiedergabe von Farben: Eine graue Schrift, die sich im Offsetdruck mit Schmuckfarben wunderbar drucken lässt und auf dem Bildschirm tadellos aussieht, wird beim Digi-taldruck zu grob gerastert und daher schlechter lesbar. Helle Farbflächen lassen sich im Digitaldruck niemals so homogen wiedergeben wie im Offsetdruck. Zu beachten ist die Wiedergabe des Logos beim Fotokopie-ren: Rot und Schwarz nebeneinander ergeben eine einzige schwarze Fläche, da der Kopierer Rot als Schwarz wiedergibt. Auch gelbe Flächen sind problematisch, da sie beim Kopieren gänzlich verschwinden können.

## Primärfarben, Sekundärfarben und Farbklima

Die Logofarben sind die *Primärfarben*. *Sie* können um *Sekundärfarben* ergänzt werden, was bei Corporate Architecture immer erforderlich sein wird. Es gilt, passende Farben für verschiedene Materialien wie Holz, Bodenbelag, Metall, Wandanstrich etc. zu finden. Den harmonischen Zusammenklang und die anteilsmäßige Verteilung der verschiedenen Firmenfarben untereinander nennt man *Farbklima*. Neben der Corporate Architecture spielt das Farbklima beim Fuhrpark, der Arbeitskleidung und dem Package Design eine bedeutende Rolle.

## Definition der Corporate Colour

Zuerst werden die Farben in einem Farbsystem ausgewählt, das für das jeweilige Unternehmen am wichtigsten ist. Für einen Spediteur, dessen Fuhrpark einheitlich lackiert werden soll, wird das RAL-Lackfarbensystem maßgeblich sein, für ein Internetunternehmen die RGB-Skala und für die meisten Unternehmen die Schmuckfarbenskala von Pantone oder HKS. Danach müssen diese Referenzfarben in allen übrigen Farbsystemen definiert werden. Dabei können nur Annäherungswerte erzielt werden. Leider gibt es noch keine Umrechnungstabellen oder -programme, die eine verlässliche Definition in allen Systemen anbieten. Das sorgfältige Vergleichen von gedruckten Farbtabellen und Farbmustern bleibt dem CD-Berater nicht erspart.

| bmvit–Grau | bmvit–Türkis | bmvit–grün | |
|---|---|---|---|
| Pantone 430 CVU | Pantone 3135 CVU | Pantone 382 CVU | Schmuckfarben |
| CMYK 0/0/0/70 | CMYK 100/0/20/5 | CMYK 45/0/95/0 | Euroskala |
| 7046 Telegrau 2 | 5018 Türkisblau | 6018 Gelbgrün | RAL |
| #999999 | #0099CC | #99CC00 | RGB |
| 3M 100–038 | 3M 100–718 | 3M 100–449 | Klebefolien |

*Definition der Corporate Color in den wichtigsten Farbsystemen*

*(Bundesministerium für Verkehr, Innovation und Technologie)*

# Corporate Type

*...definiert Schriften und Schriftschnitte für unterschiedliche Anwendungsbereiche, also das Schriftklima. Im Logo enthaltene Schriften sind nicht Bestandteil der Corporate Type. Aufgrund der heute vielfältigen und unterschiedlichen Bedürfnisse im Print- und im E-Media-Bereich kann eine Kombination von verschiedenen Schriften erforderlich sein. Corporate Type ist die einheitliche typografische Erscheinung eines Unternehmens. Sie spiegelt den Unternehmenscharakter wider und wird durch konsequente Anwendung gesichert."* (init_cd, 2010)

Neben der Schriftwahl regelt Corporate Type auch die Schriftgrößen und Zeilenabstände. Die Schrifttype, aus welcher der Schriftzug des Logos entwickelt worden ist, wird selten als Schrift für alle Drucksorten und Werbemittel herangezogen. Die Logoschrift und die Schrift, aus der Texte in Drucksorten und Werbemitteln gesetzt werden, sind zwei verschiedene Dinge. Häufig sind die Buchstaben des Logos individuell gestaltete oder bearbeitete Schriften, die zum Lesen längerer Texte ungeeignet wären.

**Hausschrift**
Als Hausschrift bezeichnet man diejenige Schrift, die durchgängig in allen CD-Elementen verwendet wird. Modische Schriften haben im CD nichts verloren. Was auf der Einladung zu einem Clubbing für Jugendliche attraktiv wirken mag, wäre z. B. als Hausschrift für einen Industriebetrieb ungeeignet, denn das CD selbst kann sich nicht mit jeder Moderichtung ändern. Hausschriften müssen, so wie das gesamte CD-Programm, lange Haltbarkeit aufweisen und dürfen nicht nach fünf Jahren altmodisch wirken. Gerade das wäre aber bei modischen Schriften der Fall.

Diese Erkenntnis führt zur Verwendung einiger weniger Mengensatzschriften im CD-Bereich. Das sollte uns nicht weiter beunruhigen, denn jede Epoche entwickelt die für sie typische Schrift, welche später zeitlose Gültigkeit erfährt. Die jeweils gültige Schrift zu erkennen und nicht auf kurzlebige Modetorheiten hereinzufallen, gehört zu den speziellen Begabungen guter CD-Berater. Experten erkennen so die Entstehungszeit eines CD. Das ist für das jeweilige Unternehmen kein Schaden und demonstriert höchstens lange Marktpräsenz und Erfahrung.

# Helvetica (Fünfziger- bis Sechzigerjahre)

# Futura (Sechziger- bis Siebzigerjahre)

# Avant Garde (Siebziger- bis Achtzigerjahre)

# Frutiger (Achtziger- bis Neunzigerjahre)

# Rotis (Neunzigerjahre bis 2000)

# Thesis (2000 bis 2010)

# Acorde (seit 2010)

*Beispiele typischer Hausschriften und ihre hauptsächliche Einsatzzeit*

Derzeit, zum Erscheinen dieses Buchs, lässt sich nur schwer eine allgemein beliebte Hausschrift erkennen. Die Auswahl an brauchbaren Schriften ist enorm gewachsen, weil ihre Herstellung aufgrund spezieller Typografie-Entwicklungssoftware kostengünstig geworden ist. Deshalb werden nun viel mehr Schnitte angeboten. Auch gibt es heute viel mehr Typografen, die an guten Schulen ausgebildet worden sind. Die Verwendungszeit hat übrigens nichts mit der Entstehungszeit der Schriften zu tun. Die Futura wurde bereits in den Dreißigerjahren entwickelt!

Schriften, die als Hausschrift geeignet sein sollen, müssen über mehrere Schnitte (leicht, normal, halbfett, fett sowie kursiv und Kapitälchen) verfügen. Diese unterschiedlichen Schnitte dienen dem abwechslungsreichen und übersichtlichen Gestalten von großen Textmengen, wie sie in Geschäftsberichten, Kunden- oder Mitarbeitermagazinen etc. vorkommen. International tätige Unternehmen benötigen Schriften, für die auch alle erforderlichen Sprachvarianten verfügbar sind.

Ein Privileg großer Unternehmen bleibt aufgrund der hohen Entwicklungskosten die Kreation einer eigenen Hausschrift (*Corporate Font*). Ein Beispiel ist die „Corporate A" von Mercedes, die von Kurt Weidemann entworfen worden ist.

# ABCDEFGHIJKLMNOPQRSTUVWXYZ
## abcdefghijklmnopqrstuvwxyz
## 1234567890

*Corporate A, die Hausschrift von Mercedes*

Für die praktische Anwendung müssen weiters definiert werden: die Laufweite (Buchstabenabstand) und der Durchschuss (Zeilenabstand) sowie die jeweiligen Versalhöhen (Buchstabengrößen).

## Korrespondenzschriften
Unter Korrespondenzschrift versteht man die Schrift, die für Briefe und andere Organisations- oder Informationsmittel verwendet wird, welche direkt auf den PCs der Auftraggebenden gesetzt werden. Früher war die Korrespondenzschrift natürlich die Schreibmaschinentypografie. Heute verfügen PC-User über eine Vielzahl von Schriften in ihrem Schreibprogramm, sodass im Rahmen eines CD-Programms die Wahl der richtigen Korrespondenzschrift nicht den Briefschreibenden überlassen werden darf. Auch die Korrespondenzschrift wird im Rahmen von Corporate Type definiert. Über den Einsatz zweier unterschiedlicher Schriften für Hausschriften und Korrespondenzschriften gibt es zwei grundsätzliche Meinungen:

## A) Hausschrift ist auch Korrespondenzschrift
Die erste Auffassung sagt, dass Korrespondenzschrift und Hausschrift sich nicht unterscheiden dürfen, um ein optimal einheitliches Erscheinungsbild garantieren zu können. Auch wenn für Hausschrift und Korrespondenzschrift dieselbe Schrift gewählt wird, können jeweils andere geeignete Schriftschnitte vorgeschrieben werden.

Natürlich ist hierzu der Erwerb der Schriftlizenzen und die Installation auf jedem Computer im Unternehmen erforderlich, wobei gesagt werden muss, dass die Lizenzgebühren pro Computer mit der Zahl der gekauften Lizenzen stark abnehmen.

## B) Eigene Korrespondenzschrift
Die zweite Auffassung besagt, die Korrespondenzschrift solle sich deutlich von der Hausschrift unterscheiden, damit der typische Charakter

eines Briefes erhalten bleibt. Deshalb wird eine eigene Schrift für die Korrespondenz definiert, die signalisiert: Hier kommt ein persönliches Schreiben, kein personalisiertes Direct Mail! Außerdem mildert die eigene Korrespondenzschrift ein technisches Problem: Der Brieftext kann beim Ausdruck auf dem Laserprinter leicht verrutschen, weil der Papiereinzug niemals die Genauigkeit einer Offsetdruckmaschine hat. Wird nun eine individuelle Absenderadresse mittels Laserausdruck neben die gedruckte Firmenadresse gesetzt und kommt nicht genau, sondern etwas versetzt zu stehen, stört das bei unterschiedlichen Schriften weit weniger.

Nicht gemeint mit Korrespondenzschrift ist allerdings die Verwendung der Allerweltsschriften „Arial" oder „Times", die an sich keine schlechten Schriften sind. Aber die Tatsache, dass 90 % aller Unternehmen sie verwenden, spricht gegen den CD-Gedanken! Auch für die Korrespondenzschrift sollte also ein eigener Font gefunden (und gekauft) werden!

**Schriften in elektronischen Medien**
Bis vor kurzem galt die Regel, Antiquaschriften seien wegen ihrer feinen Serifen nicht fürs Screendesign geeignet. Die aktuellen Bildschirme haben eine so hohe Auflösung, dass Serifenschriften auch in kleinen Schriftgrößen gut lesbar sind. Die Web-Font-Technologie ermöglicht es, auch Hausschriften in Websites einzubinden, die nicht auf dem Rechner des Besuchers installiert sind.

Adobe, Apple, Google und Microsoft haben *Open Type Font Variations* entwickelt. Es ist nun möglich, nicht nur vorhandene Schriftschnitte zu verwenden, sondern in dem von SchriftgestalterInnen definierten Design-Space einen Schriftschnitt auszuwählen, der exakt über die gewünschten Eigenschaften verfügt (z.B. Gewicht, Breite, Kontrast). Auf diese Weise sind Texte auf großen Desktop-Bildschirmen, auf Tablets und auf kleinen Smartphones optimal lesbar.

Leider gibt es Bereiche, in denen aus technischen Gründen Hausschriften immer noch nicht optimal einsetzbar sind: E-Mails (es sei denn, sie werden HTML-programmiert) und Powerpoint-Präsentationen. Da Powerpoint-Präsentationen manchmal auf fremden Rechnern gezeigt werden müssen, auf denen die erforderliche Corporate-Type-Schrift nicht installiert ist, werden sie oft in einer der üblichen PC-Systemschriften gesetzt.

102

# Ordnungsprinzip

*„... definiert mit Achsen und Proportionen die Anordnung von Logo (inkl. Schutzzone), Texten, Bildern und sekundären Stilelementen"* (init_cd, 2011)

Logo, Typografie und Firmenfarben reichen noch nicht für ein individuelles Erscheinungsbild aus, auch die Anordnung von Text- und Bildelementen zueinander muss festgelegt werden. Es ergeben sich typische Satzarten (linksbündig, rechtsbündig, Mittelachse oder Blocksatz), Achsen, Blattaufteilungen und Weißräume. Layoutraster helfen, durch unternehmenstypische Gliederung von Text- und Bildelementen, ein einheitliches Bild zu schaffen. Gleichzeitig erleichtern sie die Layoutarbeit.

*Ordnungsprinzip der TU Wien*

# Sekundäre Stilelemente

Neben dem Logo kann es weitere visuelle Bestandteile geben wie Streifen oder Muster, die für den grafischen Auftritt eines Unternehmens typisch sind. Handelt es sich um ein einziges sekundäres Stilelement, das immer unverändert auftritt, spricht man von einem *Key Visual*.

Hier die Definition der sekundären Stilelemente, wiederum von init_cd:
*„... grafische Elemente oder Bilder, die durch konsequente Anwendung visuelle Identität verstärken und Wiedererkennbarkeit erleichtern, erzeugen auch ohne Logo Unternehmensatmosphäre. Konkrete Aspekte der CI können durch sekundäre Stilelemente visualisiert werden. Die sekundären Stilelemente werden bei Bedarf dem Zeitgeist angepasst (z. B. Dekorstreifen, Maskottchen usw.). Sekundäre Stilelemente werden manchmal so wichtig, dass sie sich zum primären Gestaltungselement entwickeln (z. B. Michelin-Männchen »Bibendum« der Firma Michelin)."* (init_cd, 2010)

*Bibendum*

*Das Maskottchen des Reifenherstellers Michelin geht auf ein Werbeplakat aus dem Jahr 1894 zurück, auf dem ein gezeichneter Reifenmann einen mit Glasscherben und Nägeln gefüllten Pokal hebt und den lateinischen Trinkspruch „Nunc est bibendum!" („Nun lasset uns trinken!") ausspricht. – Was wohl bedeuten soll: Michelin verschluckt alle Hindernisse.*

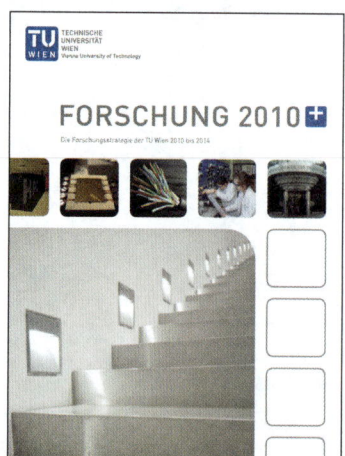

*Anwendungsbeispiele für das sekundäre Stilelement „TU-Quadrat" der TU Wien*

**Foto- oder Illustrationsstile**

Dieses sekundäre Stilelement ist eine Richtlinie für die Gestaltung von Werbemitteln. Die jeweiligen Sujets werden von FotografInnen oder IllustratorInnen danach geschaffen. Foto- und Illustrationsstil gehören zu kurzlebigeren Bereichen des Basisdesigns, die als Erstes einer Modifikation unterzogen werden können, um aktuellen Geschmacksentwicklungen zu entsprechen. Das CD-Instrument Foto- und Illustrationsstil befindet sich daher an der Grenze zum Bereich CC.

# Anwendungen

Wenn das Basisdesign abgeschlossen ist, also Logo, Farben, Schriften, Ordnungsprinzip und sekundäre Stilelemente definiert und von der CD-Arbeitsgruppe bzw. der Leitungsgruppe genehmigt worden sind, wird die Kreationsphase in allen Anwendungsbereichen fortgesetzt:

- Personalbereich
- Produktionsbereich
- Kommunikationsbereich

## Personalbereich

### Drucksorten

Das Basisdesign muss sich bei der Gestaltung von Drucksorten bewähren und durchgängig anwenden lassen. Hier darf es keine Ausnahmen oder Kompromisse geben, denn wer einen Brief erhält, hat meistens auch das Kuvert gesehen und hat vielleicht noch die Visitenkarte auf seinem Schreibtisch liegen. Dort müssen alle CD-typischen Merkmale wie der Zeilenfall der Adresse, das Größenverhältnis von Logo zu Schrift und die Layoutraster übereinstimmen.

### Briefbogen

Ein grober Fehler ist es, das Firmenlogo auf die linke Seite des Briefbogens zu setzen, denn dort wird es beim Durchblättern abgehefteter Korrespondenz nicht gesehen. Unverständlicherweise werden solche Gestaltungslösungen zuhauf in amerikanischen „Letterhead"-Büchern abgebildet. Mittig platzierte Logos nebst darunterstehenden Textzeilen dürfen nicht allzu groß sein, da sie sonst ins Fenster des Kuverts ragen. Der optimale Platz für das Logo befindet sich rechts außen – dort wo man es beim Suchen im Aktenordner am schnellsten findet.

Der Adressblock findet normalerweise oben rechts, unterhalb des Logos, den besten Platz. Wenn die Nennung mehrerer Adressen erforderlich ist und dort der Platz nicht mehr ausreicht, muss auf die Unterkante des Briefbogens ausgewichen werden.

Falz- und Heftmarken können anstelle der üblichen feinen Linien auch durch die Kanten sekundärer Stilelemente (z. B. Wasserzeichen) angezeigt werden.

Viele Briefe werden nicht mehr per Post verschickt, sondern als PDF-Datei per E-Mail versendet. Bei der Gestaltung von Briefbögen sollte man abfallende Elemente (also Elemente, die bis zur Papierkante reichen) vermeiden: Wenn der Empfänger das PDF ausdruckt, sieht er nämlich einen weißen Rand anstatt der abfallenden Grafik.

*Briefbogengestaltung*
*für Merkur Treuhand*
*(Oberkante Signet =*
*Falzmarke)*

Selbstverständlich gehört auch die Webadresse auf den Brief. Im Folgenden eine Aufzählung aller Elemente, die auf den Briefbogen gedruckt werden müssen:

## Checklist: Briefgestaltung
- Logo
- Exakter Firmenwortlaut laut Firmenbucheintragung
- Anschrift
- Telefon- und Faxnummer, inkl. internationale Vorwahl
- E-Mail-Adresse
- Webadresse
- Firmenbuchnummer (nicht im Adressblock!)
- DVR-Nummer (soweit erforderlich)
- Evtl. Falz- und Heftmarken

## Kuverts
Die Absenderadresse auf einem Kuvert braucht nicht so umfangreich zu sein wie auf einem Briefbogen. Logo und Postanschrift genügen, denn Kuverts werden nicht aufgehoben. Jedoch gibt es Vorschriften zur Kuvertgestaltung, die eingehalten werden müssen. Bedingt durch die automatischen Lese- und Sortieranlagen in den Verteilzentren der Post gelten folgende Regeln:

## Checklist: Kuvertgestaltung
- Nur helles Kuvertpapier (sonst digitale Codierungsbalken unlesbar)
- keine Ziffern rechts neben dem Adressfenster
  (Scanner verwechselt sie sonst mit der Postleitzahl des Empfängers)
- Freiräume für Codierzonen beachten

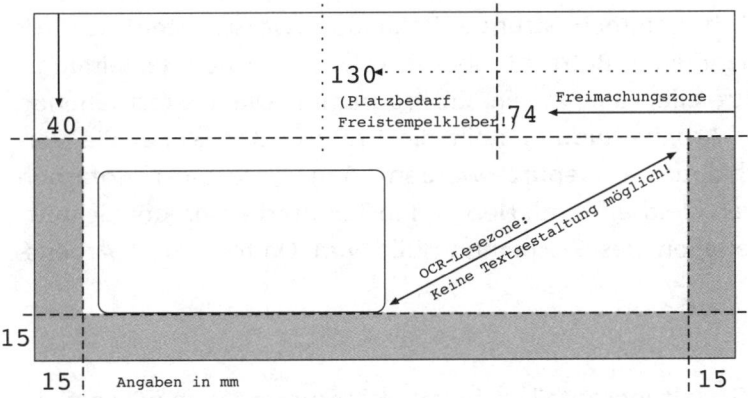

*Eingeschränkte Gestaltung bei Fensterkuverts*

*Die grau abgebildeten Zonen sind die Codierzonen der Post und dürfen nur mit max. 30 % Farbdeckung gestaltet werden.*

## Organisationsmittel

CD wirkt nicht nur nach außen, sondern auch nach innen. Einheitlich und übersichtlich gestaltete Formulare und Ordnerrücken erleichtern die Arbeit und motivieren die Mitarbeitenden. Bei der Bestandsaufnahme aller vorhandenen CD-Elemente (interne Mafo) zu Beginn des CD-Prozesses wird auch untersucht, welche Organisationsmittel im Lauf der Zeit ihre Daseinsberechtigung verloren haben oder inhaltlich verbessert werden können. Synergieeffekte können sich durch das Aus-dem-Verkehr-ziehen und Zusammenfassen von Formularen ergeben.

Beim Selbergestalten von Formularen, Preislisten und Presseinfos auf den unternehmenseigenen PCs werden häufig viele CD-Regeln missachtet. Für das Selbergestalten von Dokumenten müssen klare Gestaltungsrichtlinien vorgegeben werden, die auf die Programmbesonderheiten und Bedürfnisse des Unternehmens Rücksicht nehmen. Im Rahmen der Umsetzung werden von spezialisierten Programmierern Templates z. B. für die Programme MS Excel oder MS Word angefertigt. Beim Coaching werden die betreffenden Mitarbeitenden auf die richtige Anwendung des Basisdesigns trainiert und deren Schreibprogramme mit den erforderlichen Masken und Templates ausgerüstet.

## Kleidung

Selbstverständlich kommen strenge Bekleidungsvorschriften nur für wenige Unternehmen in Betracht, aber Richtlinien für den Bekleidungsstil gehören auf alle Fälle in ein CD-Programm. Die weitestgehende Gestaltung von Arbeitskleidung stellt die Uniform dar, wobei die Vorgaben des Farbklimas ausgenützt werden können, da die Logofarben alleine nur selten kleidsam sind. Neben den Textilfarben prägen Schnittstile und Materialien das Erscheinungsbild von Uniform und Arbeitskleidung.

### Dresscodes

Der geringste Gestaltungsanteil ist beim Beraterpersonal von Dienstleistungsunternehmen nötig. Hier genügen Bekleidungsrichtlinien (Dresscodes), die einerseits individuelle Entfaltung ermöglichen, andererseits aber durch ein einheitliches Niveau das Unternehmen repräsentieren. Im

Dresscode kann das Tragen von (sichtbaren) Piercings oder Tattoos verboten oder das Tragen von Krawatten vorgeschrieben werden. Dresscodes sind verständlicherweise modeabhängig, daher werden sie bei jährlichen Coachings aktualisiert.

Für Messestandpersonal müssen Namensschilder oder einheitliche Kleidungsteile wie Firmenkrawatte oder -schal entwickelt werden. Im Einzelhandel reicht die Gestaltungspalette von einheitlicher Bekleidung bis zum Dresscode mit vorgeschriebenen Teilen oder Farben (z.B. Schürze oder individuelle Kleidung in vorgeschriebenen Farben). Der Entwurf von Arbeitskleidung geschieht in Kooperation zwischen CD-Agentur und Bekleidungsfirmen oder ModedesignerInnen.

## Produktionsbereich

### Produktausstattung
Die Produkte und alles, was sie direkt umgibt, wie Verpackungen oder Klebebänder, sind wichtige CD-Elemente, weil sie nicht nur für das jeweilige Produkt sprechen, sondern das gesamte Unternehmen repräsentieren. Dazu gehören auch Gebrauchsanweisungen und Packzettel.

Selbst wenn die Person, die über den Kauf entscheidet, das Produkt nicht selbst der Verpackung entnimmt, wie im Falle einer großen Maschine, bei der die Einkaufsleitung zwar die Kaufentscheidung fällt, man das Produkt aber – wenn überhaupt – erst nach der Aufstellung in der Halle sieht, wirkt die Verpackungsgestaltung doch vom Verladebahnhof bis zum Fabrikshof auch auf die übrigen Mitarbeitenden sowie auf Reisende, PassantInnen, NachbarInnen etc.!

Hier zeigt sich erneut, ob das Logo überall einsetzbar ist, beispielsweise zum Beschriften einer Kiste mittels Schablone oder Stempel oder wenn das Logo in ein Maschinengehäuse geprägt werden soll. Bei einigen Unternehmen der Konsumgüterindustrie ist die Produktgestaltung nebst deren Beschriftung selbst zum wichtigen CD-Element geworden. Man denke an die für ihr Design berühmten Haushaltsgeräte der Firma Braun! Auch im Dienstleistungssektor können wir von Produktgestaltung sprechen: Das zu gestaltende Produkt kann ein Serviceordner, ein Konzeptpapier, Overheadfolien oder eine Powerpoint-Präsentation sein.

**Transportmittel**

Seitenwände von Lastwagen und überhaupt das ganze Fahrzeug sind rollende Plakatwände. Logo und sekundäre Stilelemente machen aus einem unauffälligen LKW ein wirkungsvolles Display. Auch PKW sind wichtige Werbeträger. Den Argumenten der Logistik- oder Einkaufsabteilung für schnell lieferbare und leicht wiederverkäufliche weiße Fahrzeuge muss der Gegenwert permanenter Großflächenwerbung auf der Straße und allgegenwärtiger Imagewerbung entgegengehalten werden. Man vergleiche nur den Gegenwert einer gemieteten Plakatfläche am Straßenrand! Auch werden heute Fahrzeuge nicht mehr aufwändig bemalt, sondern mit entfernbaren Klebefolien gestaltet.

**Fuhrpark Gutmayer:** *Das schwarz-gelbe Salamandermuster sorgt als Key Visual für Werbewirksamkeit und gleichzeitig Verkehrssicherheit.*

Weil Fahrzeuge im Straßenverkehr nur selten ausführlich betrachtet werden können, soll nur die wichtigste Information kommuniziert werden, also Logo und Slogan, bei Klein- und Mittelbetrieben noch die Geschäftsanschrift oder die Telefonnummer. Auf keinen Fall aber unnötiger Ballast wie komplette Adressen oder Sortimentsaufzählungen.

Bei der Gestaltung von Fahrzeugen muss die Dreidimensionalität berücksichtigt werden, ja sie bietet sogar weitere kreative Umsetzungsmöglichkeiten für das Basisdesign. Gestaltet werden muss das gesamte Fahrzeug einschließlich der Dachfläche, denn schließlich sieht man Firmenfahrzeuge auch von Brücken oder von höheren Gebäuden. Allerdings werden Ladebordwände von LKW in dem Bereich, wo sie auf Laderampen zu liegen kommen, sehr schnell abgeschabt. Gestaltet werden kann hier also nur ein kleiner Bereich.

## Corporate Architecture

Gestaltungsbereiche der Corporate Architecture sind Shopdesign, Büroeinrichtung, Empfangs- und Konferenzräume, Kantine, Lift, Stiegenhäuser und Gänge. Dazu gehört der gesamte Außenbereich: Fassade, Eingang, Firmentafel, Vordächer, Park- und Parkplatzgestaltung. Auch der Point of Sale (POS) und Messestände oder Ausstellungsgestaltung zählen zur Corporate Architecture.

In all diesen Bereichen zeigt sich die Qualität eines Logos: Ist es allseitig einsetzbar, z. B. als Lichtwerbeanlage oder dreidimensionales Werbemonument?

*Firmenschilder aus Acryl und aus hochpoliertem Chrom für Belini-Einrichtungen*

Wie bei der Arbeitskleidung und dem Fuhrpark ist bei der Corporate Architecture eine ausreichende Farbenanzahl im Farbklima notwendig, um alle Materialien adäquat gestalten zu können. Eine komplett helle Fassade ist bei einer Parkplatzrückwand unmöglich, weil der Ruß aus den Auspuffen abgestellter Fahrzeuge schnell hässliche Flecken erzeugen würde. Komplexe Fabrikanlagen, Verwaltungsgebäude oder große Selbstbedienungsmärkte bedürfen zur besseren Orientierung für Besucher und Mitarbeiter eines Leitsystems, bestehend aus Hinweisschildern, Wegweisern, Türschildern usw.

## Leitsystem

Bei der Entwicklung des Leitsystems können die sekundären Stilelemente zur Geltung kommen, denn innerhalb der Firma ist ein allgegenwärtiges Logo auf jedem kleinen Türschild doch zu viel des Guten. Die CD-Agentur kooperiert in diesem Gestaltungsbereich mit Architektur-, Innenarchitektur- und Gartenarchitekturbüros, IndustrialdesignerInnen und Schilderherstellern.

*Leitsystem des Rechnungshofs*

*Beschriftungen aus transparenter Mattfolie auf Glaswänden.*

*Die Schriftgröße wird teilweise bis zur Raumhöhe ausgenutzt.*

**Messestand**

Sozusagen eine Außenstelle des POS ist der Messestand, wo, wie im Shopdesign oder bei der Corporate Architecture, das einheitliche Erscheinungsbild gewahrt bleiben muss. Durch die auf einem Messegelände vorhandene Nähe zu den Mitbewerbern ist eine starke Präsenz des Logos besonders wichtig, dient es doch den Messebesuchern als Orientierung.

Der Messestandentwurf wird gemeinsam mit WerbegestalterInnen oder ArchitektInnen entwickelt, da besonderes Konstruktions- und Logistik-Know-how benötigt wird.

**Displays**

Displays (Zweitplatzierungen) werden nach CD-Richtlinien gestaltet, wenn sie der permanenten Produktpräsentation dienen und nicht Teil einer Werbekampagne sind.

**Shop-in-Shop**

Ein Sonderfall des POS-Designs ist das Shop-in-Shop-Konzept, bei dem Handelsmarken, wie Untermieter, ein eigenes Mini-CD bekommen. Hier darf das Basisdesign ausnahmsweise sehr frei interpretiert werden oder ein gänzlich neues Basisdesign entwickelt werden, da ja der Eindruck eines unabhängigen Anbieters erweckt werden soll (siehe Exkurs Marke und Markentechnik, S. 91).

# Kommunikationsbereich

## Werbemittel

Werbekampagnen, beispielsweise Inserat- oder Plakatkampagnen, und Direct-Marketingaktivitäten sind nicht primär Aufgaben des Corporate Design. CD-BeraterInnen geben hier nur grundsätzliche Stilvorlagen (Basisdesign) und allenfalls den Foto- oder Illustrationsstil vor, an die sich die PR- oder Werbeagentur halten muss. Das gilt vor allem für den Einsatz des Logos samt Slogan und die Verwendung der Hausschriften. Definiert wird im CD-Programm die Position des Logos und der Mindestabstand, der um das Logo herum eingehalten werden soll, sowie die erlaubten Hintergrundfarben. Natürlich darf für Werbezwecke das Logo keinesfalls verändert werden. Die Kurzlebigkeit von Werbemaßnahmen kann die Verwendung weiterer modischer Stilmittel zulassen, jedoch muss die Identität des Unternehmens unbedingt gewahrt bleiben!

Streng im Basisdesign zu halten sind aber auf jeden Fall die Stelleninserate, da sie die langfristig gültigen Kernwerte des Unternehmens signalisieren müssen.

## Corporate Publishing, Image und PR

Langfristig eingesetzte Kommunikationsmittel wie Imageprospekte, Gesamtkataloge oder Kundenzeitschriften werden streng im Basisdesign entwickelt, da sie stark imageprägende Wirkung haben. Glückwunschbillets und Weihnachts- oder Neujahrskarten sind hingegen eine gute Gelegenheit, das Logo oder die sekundären Stilelemente spielerisch einzusetzen.

Presseinfo und Pressemappe werden hingegen sachlich und informativ gestaltet. Besonders bei der Gestaltung von PR-Unterlagen ist auf strenge Einhaltung des Basisdesigns zu achten.

## Konferenzausstattung

Betriebe, die Veranstaltungen für Kunden organisieren und Fortbildungsseminare veranstalten, benötigen CD-Elemente, die auch in fremden Räumen Identität schaffen können. Dazu gehören Fahnen, Schreibblock, Tischkarten, Wegweiser etc. Manche dieser CD-Elemente sollen von KundInnen oder Mitarbeitenden nach Hause mitgenommen werden, wo sie ihre langfristige Werbewirkung entfalten können.

## Werbeartikel

Leider werden Werbeartikel oft von Einkaufsabteilungen aus einschlägigen Katalogen geordert, die zwar mit dem Logo versehen werden, deren Herstellungsmaterial aber nicht in der richtigen Farbe verfügbar ist. Auf Werbeartikel, die nicht in der passenden Farbe geliefert werden können, muss verzichtet werden. Es ist nicht einzusehen, warum ausgerechnet das

Kommunikationsmittel, welches am längsten auf dem Kundenschreibtisch liegt, nur mit halber Kraft für das Unternehmen wirbt!

Auch die Auswahl von Werbegeschenken selbst ist von Bedeutung. Das Produkt muss durch sein Design, seine Funktion und eventuell seinen Zusatznutzen eindeutig die Unternehmensphilosophie repräsentieren (z.B. ein Fadenzähler für eine Druckerei, ein Jausenbrett für eine Fleischhauerei oder ein hochwertiges Gasfeuerzeug für einen Energieversorger).

## Wertpapiere

Dazu zählen neben der klassischen Aktie Polizzen, Warengutscheine, Geschenkmünzen, Garantieurkunden, Kantinenbons und Eintrittskarten oder Kundenkarten. Hier empfiehlt es sich, ein Muster aus Elementen des Logos herzustellen, das zart gerastert über das gesamte Wertpapier läuft. Diese ursprünglich zur Fälschungssicherheit entwickelten Muster *(Guillochen)* signalisieren auch heute noch hohen Wert.

## Screendesign

So wie in den Achtzigerjahren die Einführung des Faxgeräts bei vielen Unternehmen Redesignmaßnahmen erfordert hatte, weil deren alte Logos nicht faxfähig waren, erweisen sich heute manche CD-Programme als wenig ausbaufähig für das Internet. Modernes CD muss die Herausforderungen des Internet meistern und seine Möglichkeiten ausschöpfen. *Responsive Design,* also die automatische Größenanpassung aller grafischen Elemente an die Bildschirmgröße, stellt hohe Ansprüche an das Basisdesign; vorbei sind die Zeiten, in denen ein strenger Layoutraster, der auf dem Format A4 basierte, das Layout jedes Werbemittels bestimmt hatte. Statt formelhaften Regeln muss ein CD-Manual Anwendungsbeispiele zeigen, die die Systematik verständlich machen. Es müssen wenige konstante Parameter definiert werden, die für Wiedererkennbarkeit sorgen.

Es wäre aber falsch, das Basisdesign nur unter dem Einfluss bildschirmspezifischer Effekte zu entwickeln ("digital first"), weil diese sich meist schlecht auf die übrigen analogen CD-Elemente anwenden lassen. Das gilt besonders für die beliebten 3-D-, Wisch-, Weichzeichner- und Farbverlaufeffekte. Auch wenn nicht alle Bildschirme den vollen RGB-Farbraum abbilden können und über die selbe Leuchtkraft verfügen, auf Papier gedruckt lässt sich eine solche Farbwirkung nur, wenn überhaupt, mit Schmuckfarben erzielen. In letzter Zeit tauchen im Web Logos auf, deren Formen und Farben sich bei jedem Seitenaufruf ändern. Die Problematik sogenannter *flexibler Logos* habe ich auf S. 86 angesprochen.

**Internet und Intranet**

Internet und Intranet sind für CD-Beraterinnen zunächst CD-Elemente wie alle anderen auch, nämlich visuell wahrnehmbare Erscheinungsformen eines Unternehmens. Nach der Visitenkarte ist aber die Homepage das wichtigste CD-Element überhaupt. In den meisten Fällen wird man zuerst die Website von Lieferanten besuchen, bevor man etwas bestellt. – Ganz zu schweigen von Webshops, bei denen die Website überhaupt den einzigen POS darstellt. Auch PatientInnen und KlientInnen besuchen zuerst die Website einer Anwaltspraxis oder Arztpraxis, bevor sie Kontakt aufnehmen. Der Internet- und Intranetauftritt darf deshalb nicht getrennt vom CD-Prozess entwickelt werden.

Neben dieser Visitenkartenfunktion lässt sich eine Homepage vom Umfang her am ehesten mit einer Kunden- oder Mitarbeiterzeitschrift vergleichen. Also wird eine Redaktion benötigt, die aktuelle Inhalte im Unternehmen recherchiert und für das Web aufbereitet. Der CD-Berater oder die CD-Beraterin übernimmt die Rolle des Artdirectors.

Anders als bei einem Druckwerk, beginnt man die Lektüre einer Homepage nicht immer auf der Startseite (die dem Cover entspricht), sondern, zumeist über einen Hyperlink, direkt auf einer der Unterseiten. Und während man an der Rückenbreite eines Druckwerks seinen Umfang erkennen kann, lässt sich das Volumen einer Website nur bedingt an seiner Startseite ablesen. Daraus ergeben sich, aus Sicht des Corporate Design, zwei wichtige Konsequenzen für das Screendesign:

• Jede Unterseite muss ausnahmslos mit einer Logoabbildung gebrandet sein. So weiß der Besucher immer, auf wessen Seite er sich befindet, und im Falle eines Screenshots bleibt ein Hinweis auf den Betreiber der Site.

• Die Navigation auf der Startseite muss eine Übersicht über die Haupt-
kapitel zeigen, und bei einem Mouseover müssen die Unterkapitel erscheinen. So kann auch die Startseite einen Eindruck über die angebo-
tenen Inhalte vermitteln.

**App-Design**
Da Apps auf mobilen Endgeräten verwendet werden, hauptsächlich auf
Smartphones, spielen die Reduktion aufs Wesentliche und die optimale
Navigation eine wesentliche Rolle. Die dazu erforderlichen Icons und
Piktogramme müssen natürlich im Rahmen des Corporate Designs ent-
wickelt werden. Das Gleiche gilt für die Farbenwahl und die Typografie.
Im Kapitel Corporate Type habe ich bereits auf die derzeit noch existie-
rende Problematik von Hausschriften im Web hingewiesen.

**Prozessschritte im Screendesign**
Die Gestaltung einer Website oder einer App geschieht, mehr noch als
bei analogen Medien, in Zusammenarbeit mit weiteren ExpertInnen.
Insbesondere die Webagentur, die für die Programmierung zuständig ist,
muss von Beginn an in den Entwicklungsprozess einbezogen werden. Die
technischen Rahmenbedingungen im Webdesign ändern sich so schnell,
dass deren Expertise für einen zeitgemäßen Webauftritt unerlässlich ist.
Den Vorgaben des Basisdesigns entsprechend, wird das Design in den
folgenden Schritten entwickelt:

*Pflichtenheft:*
Alle Ziele, Inhalte und Funktionen der Website werden mit dem
Unternehmen festgelegt.

*Manuskript:*
Sämtliche Texte liegen als Textdatei vor, versehen mit Angaben, wo welche Abbildung dazugehört. Überschriften sind durch fetten Schriftschnitt
gekennzeichnet. (In der Praxis steht zu Beginn der Entwicklung allerdings selten ein komplettes Manuskript zur Verfügung ...)

*Grundentwurf (Präsentationslayout):*
Die Startseite, eine oder zwei textlastige und eine oder zwei bildlastige
Unterseiten werden dem Klienten analog vorgelegt, um das *Look & Feel*
abzustimmen und sicherzustellen, dass das Basisdesign angewendet
wurde. Bilder können durch Symbolfotos dargestellt werden. Über-

schriften sind lesbar abgesetzt, alle übrigen Texte als Blindtext in richtiger Schriftgröße und -schnitt.

*Wireframes*:
Eine Art Storyboard zeigt nun sämtliche Seiten in schwarz-weiß. Bilder werden als Kreuze in einem Rechteck symbolisiert, Navigationsicons werden skizziert und Hauptüberschriften lesbar gescribbelt, die übrigen Texte werden mit horizontalen Linien dargestellt. Anhand des Wireframes können alle Funktionalitäten, Seite für Seite, festgelegt werden.

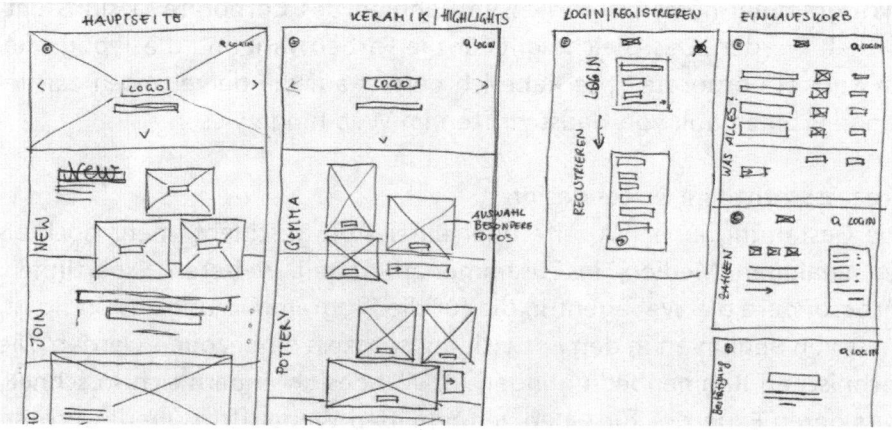

*Wireframe (Katharina Handlos, Höhere Graphische Bundeslehr- und Versuchsanstalt Wien)*

*Klickdummy oder Mock-up*:
Alle Seiten (bei umfangreichen Seiten nur die wesentlichsten Seiten) werden als animiertes PDF geliefert, sie sind aber noch nicht oder nur teilweise HTML-programmiert. Hier endet die Entwurfsarbeit des CD-Beraters.

*Programmierung und Betaversion*:
Die Site wird HTML-programmiert und über ein Content-Management-System mit Inhalten befüllt. Diese Betaversion muss von Personen der Zielgruppe ausführlich getestet werden. Die CD-Agentu übernimmt die Supervision und entwickelt bei Bedarf alternative Gestaltungselemente.

**Folienpräsentation mit Beamer**
Präsentationen mit dem Programm „PowerPoint" sind zu einem wichtigen CD-Element geworden. Während die herkömmlichen Overheadfolien noch relativ wenige Gestaltungsmöglichkeiten boten, ließen sich in den

Anfangszeiten von Powerpoint Vortragsautoren durch die Fülle an Designoptionen und Effekten verführen und produzierten verwirrende, schlecht lesbare Folien. Klare Gestaltungsrichtlinien sind hier besonders wichtig. Wie im Web kann bei Powerpoint der Einsatz einer Hausschrift misslingen, dann nämlich, wenn der Vortrag nicht vom eigenen Laptop projiziert wird, sondern von einem fremden Computer, wo der erforderliche Font nicht installiert ist. Gezwungenermaßen wird man dann auf eine der üblichen PC-Schriften zurückgreifen müssen.

# 6. Interne Kommunikation

CD ist nur erfolgreich, wenn es von allen Mitarbeitenden konsequent angewendet wird. Deshalb wird empfohlen, einige ausgesuchte Mitarbeitende an der CD-Arbeitsgruppe teilnehmen zu lassen (siehe Kapitel CD-Arbeitsgruppe).

Damit der CD-Gedanke im gesamten Unternehmen verbreitet werden kann und nicht als von außen aufgesetzt empfunden wird, werden die Mitarbeitenden von Anfang an über alle wesentlichen Schritte des CD-Prozesses informiert. Bereits die Befragung im Rahmen der internen Mafo (siehe Kapitel Mafo) stimmt die Mitarbeitenden positiv auf das neue CD ein: Die Tatsache, befragt zu werden, garantiert hohe Akzeptanz des Endergebnisses, weil jeder das Gefühl hat, am Entstehen des neuen CD mitgewirkt zu haben.

Während des CD-Prozesses werden die Mitarbeitenden über die Ziele und Schritte in der Mitarbeiterzeitung, über das Intranet oder das Schwarze Brett informiert. Schließlich sollen die eigenen KollegInnen als Erste das neue CD kennenlernen. Bewährt hat sich die Einrichtung eines Infostandes vor dem Kantineneingang, wo den Mitarbeitenden Fragen zum CD beantwortet werden und sie Anregungen abgeben können.

In der Praxis hat sich gezeigt, dass bei unzureichender Vorabinformation über ein neu zu gestaltendes Erscheinungsbild schnell Gerüchte kursieren über bevorstehende Rationalisierungsmaßnahmen oder gar Entlassungen.

## Die interne Präsentation

Wenn das Basisdesign entwickelt und genehmigt worden ist, wird es den Mitarbeitenden präsentiert. Zu diesem Anlass sollen die Mitarbeitenden bereits die ersten Anwendungen erleben und auch nach Hause mitnehmen können. Zur internen Präsentation erhält jeder Mitarbeitende seine persönliche Visitenkarte im neuen Design. Bewährt hat sich auch das Verteilen von Werbegeschenken im neuen Look, z. B. Autoaufkleber, Haftnotizblöcke oder Feuerzeuge.

Da von dieser Präsentation die positive Aufnahme des CD-Programms stark abhängt, ist eine gute Vorbereitung wichtig. Je nach Unternehmensgröße findet sie im Hause des Auftraggebenden, in einem Festsaal oder einem Konferenzzentrum statt.

Das CD kann als Doppelconferènce von CD-Verantwortlichen und CD-BeraterIn vorgestellt werden. Bei Großunternehmen kann es aber auch von einer oder einem „neutralen" Dritten, beispielsweise einer prominenten Person, präsentiert werden. Wenn das Unternehmen überregional oder international tätig ist, muss die CD-Präsentation an mehreren Orten wiederholt werden. Es ist auch möglich, das neue CD im Rahmen einer glanzvollen Show den Mitarbeitenden zu präsentieren.

Weitere Möglichkeiten, das neue Erscheinungsbild intern zu kommunizieren, sind Infoscreens, also hausinterne Bildschirmpräsentationen in Sozialbereichen des Unternehmens, und eine Sondernummer der Mitarbeiterzeitschrift.

## Checklist interne Präsentation

**Inhalte der internen Präsentation:**
- Was ist CD? Was kann CD?
- aktuelle Situation des Marktes und des Unternehmens
- Strategien und Zukunftsszenario
- Unternehmensleitbild
- Ziele und Entwurfskriterien für das neue CD
- die Elemente des neuen CD
- Anwendung des neuen CD, CD-Manual
- Ankündigung der Coachings

**Ort der internen Präsentation**
- Konferenzraum intern
- gemieteter Saal
- anderswo: ...............................................................................

**Präsentationsmedien**
- Videobeamer
- Computer
- Flipchart
- Markerboard
- Leiste oder Abstellfläche für Charts
- Infoscreens
- Mitarbeiterzeitschrift

# 7. Die Umsetzung

Nach der internen Präsentation wird das CD zügig realisiert. Das Weiterverwenden von alten Drucksorten, nur weil sie noch nicht aufgebraucht sind, ist für Mitarbeitende, LieferantInnen und KundInnen gleichermaßen verwirrend und daher kontraproduktiv. Der Wert der zu vernichtenden alten Drucksorten steht in keinem Verhältnis zur Investition in ein CD-Programm.

In der Umsetzungsphase tritt die CD-Arbeitsgruppe nicht mehr zusammen. Die CD-verantwortliche Person bleibt aber entscheidungsbefugter Gesprächspartner der CD-Agentur. Produktionsbedingte Korrekturen am CD-Konzept werden gemeinsam ihr nachjustiert.

Statusberichte und regelmäßige Treffen zwischen CD-Agentur und CD-Verantwortlicher Person begleiten die Umsetzungsarbeiten. Aufgabe von CD-Verantwortlichen ist es, die Einkaufsabteilung über das neue CD zu informieren und die Einhaltung der CD-Richtlinien zu gewährleisten.

## Beispiel für einen Statusbericht:

| CD-Element | Entwurf | Reinzeichn. | Druck | Lieferung/Montage |
|---|---|---|---|---|
| Briefbogen | ✓ | ✓ | ✓ | ✓ |
| Folgeblatt | ✓ | ✓ | ✓ | ✓ |
| Visitenkarte | ✓ | ✓ | - | - |
| Faxformular | ✓ | ✓ | ✓ | ✓ |
| Grußkarte | ✓ | ✓ | - | - |
| Fensterkuvert | ✓ | ✓ | - | - |

etc ...

Um die optimale Einheitlichkeit des CD zu gewährleisten, werden nur wenige LieferantInnen für die Produktion der CD-Elemente herangezogen.

## Style Sheet

Ein vorläufiges Style Sheet mit den wichtigsten Informationen über das Basisdesign erleichtert die Zusammenarbeit mit Druckereien und Herstellern von Werbeartikeln.

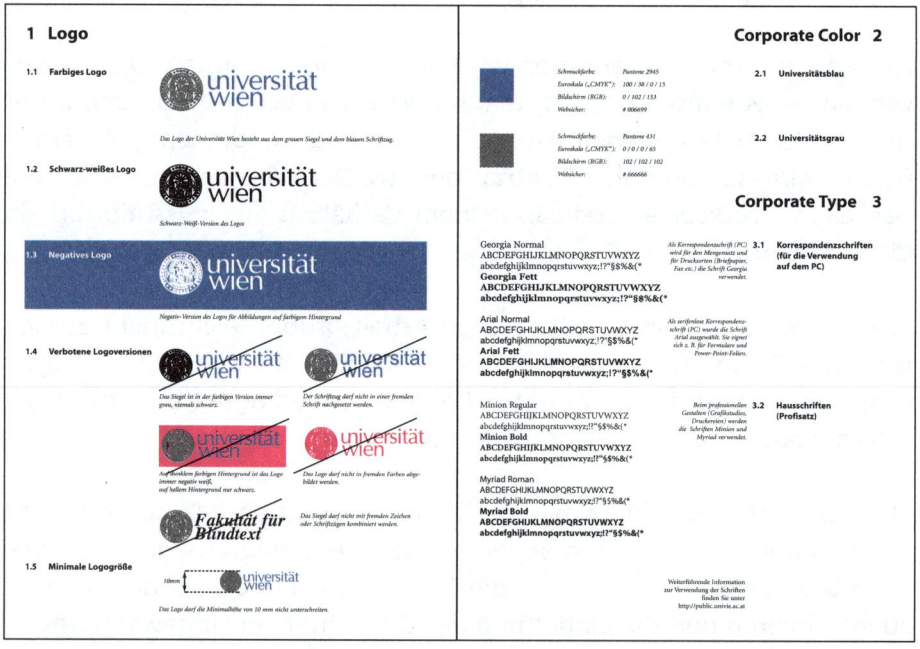

*Style Sheet der Universität Wien*

**Das Style Sheet enthält:**

- Logo in Farbe und schwarz-weiß
- Farbangaben und Farbmuster für alle Druckverfahren
  (CMYK, Pantone, HKS, RAL und Siebdruckfarben sowie RGB für
  Bildschirmdarstellungen)
- Schriftangaben für die Hausschriften
- die wesentlichsten Layoutraster (Gestaltungsachsen)
  am Beispiel der Visitenkarte und des Briefbogens

# 7.1 Markenregistrierung

Sinn des Markenschutzes ist es, die unbefugte Benutzung eines Zeichens
zu erschweren. (Im Folgenden sind mit dem Begriff „Zeichen" sowohl das
klassische Logo als auch geschützte Firmennamen oder Farben etc. gemeint.)

Grundsätzlich ist ein nicht registriertes Zeichen nicht schutzlos, denn so-
fern dem ungeschützten Zeichen Verkehrsgeltung zukommt (also es verwendet wird, ohne je registriert worden zu sein), kann Nachahmenden
die unrechtmäßige Verwendung eines Logos untersagt werden, jedoch
ist der Prozess zur Erlangung dieses Anspruchs mühevoller als der einfache Beweis durch die Markenregistrierung. Deshalb wird ein neu entwik-
keltes Logo beim Patentamt angemeldet.

**Was kann geschützt werden?**
Neben den ausschließlich aus Großbuchstaben in Blockschrift registrier-
ten Wortmarken (z.B. COCA COLA) gibt es auch andere Markenformen,
z. B. Bildmarken, Wortbildmarken (bestehend aus Wortbestandteilen in
Groß- und Kleinbuchstaben, mit und ohne grafischen Zusätzen), dreidi-
mensionale Marken, Farb- und Klangmarken etc. Grundsätzlich können
alle Zeichen, die sich grafisch darstellen lassen, eine Marke sein. Die
Marke muss unterscheidungskräftig sein, sie darf insbesondere nicht die
Waren und Dienstleistungen beschreiben, für die sie verwendet werden
soll: Eine Bäckerei kann für ihr Produkt Brot nicht den Namen "Brot" als
Wortmarke wählen. Auch reine Werbeangaben wie „Unser Brot ist das
Beste" sind nicht schützbar.

### Was umfasst der Markenschutz?

Eine registrierte Marke kann wahlweise nur im Inland, als Gemeinschaftsmarke oder als internationale Marke geschützt werden. Der Schutz gilt zehn Jahre lang und kann dann um weitere zehn Jahre verlängert werden. Eine registrierte Marke muss innerhalb von fünf Jahren auch wirklich verwendet werden, sonst kann von Jeder und Jedem die Löschung der Marke beantragt werden. Der oder die Markeninhaberin muss dann den Gebrauch nachweisen (Beweislastumkehr!).

### Waren- und Dienstleistungsklassen

Angemeldet wird eine neue Marke für bestimmte Klassen. Es gibt derzeit 45 Waren- und Dienstleistungsklassen. Zum Beispiel umfasst die Klasse 12 „Fahrzeuge; Apparate zur Beförderung auf dem Lande, in der Luft oder auf dem Wasser" oder die Klasse 35 „Werbung; Geschäftsführung; Unternehmensverwaltung; Büroarbeiten".

Laut Urteil des Obersten Gerichtshofes genießen aber bekannte Marken höheren Schutz, auch wenn sie eigentlich für eine andere Klasse geschützt worden sind: Die Bezeichnung „Tiroler Schürzenjäger" war zwar nicht für Fleischwaren geschützt, die Verwendung des bekannten Namens der beliebten Volksmusikgruppe für Fleischwaren wurde jedoch als sittenwidrig abgelehnt.

## Markenanmeldung

Beim Österreichischen Patentamt liegen Formulare und Merkblätter zur Markenregistrierung auf, die auch zugeschickt werden. Anmelden kann jede natürliche Person oder jede befugte VertreterIn von juristischen Personen. Zur Anmeldung sind mitzubringen:

### Checklist Markenanmeldung:
- ausgefülltes Formular „MA1"
- fünf Kopien des Logos, maximal 8 cm Länge
- Verzeichnis der Waren und Dienstleistungen, für die die Marke registriert werden soll
- Angabe der Klassen und entsprechender Wortlaut

**Kosten und Schutzdauer**

Die Kosten für die Anmeldung einer nationalen Marke betragen 372 Euro (Stand 2016). Nach erfolgreicher Registrierung ist die Marke für zehn Jahre geschützt. Die Erneuerungsgebühr für weitere zehn Jahre beträgt 678 Euro (Stand 2016). Eine registrierte Marke muss übrigens innerhalb von fünf Jahren auch wirklich verwendet werden, sonst kann jede oder jeder die Löschung der Marke beantragen!

# Ähnlichkeitsprüfung

Nach der Anmeldung erfolgt auch eine Prüfung in Bezug auf Ähnlichkeit, dabei werden verschiedene Wort- und Bildbestandteile nach bestimmten Suchbegriffen abgefragt. Wer anmeldet, erhält dann ein Ähnlichkeitsprotokoll, das bereits eingetragene gleiche oder ähnliche Marken enthält. Man muss selbst entscheiden, ob eine Verwechselbarkeit vorliegt! In diesem Falle kann mit dem oder der InhaberIn der verwechselbaren Marke Kontakt aufgenommen werden; oft ist eine Abgrenzung räumlicher oder inhaltlicher Art möglich. Das Patentamt prüft im Anmeldeverfahren nicht, wer das stärkere Recht an einer Marke hat. Registriert darf also auch werden, wenn eine Verwechselbarkeit gefunden wurde und die sonstigen formalen und gesetzlichen Erfordernisse erfüllt werden. Der oder die InhaberIn der älteren Marke muss selbst die Initiative ergreifen und die Löschung der jüngeren Marke beantragen.

**Tipp**

Um schon *vor* der Anmeldung zu erfahren, welche gleichen oder möglicherweise ähnlichen Marken es gibt, besteht die Möglichkeit, außerhalb des Anmeldeverfahrens eine Ähnlichkeitsrecherche durchführen zu lassen. Das sollte für professionelle CD-Agenturen vor allem bei der Namensfindung (Wortmarke) eine Selbstverständlichkeit sein, um die Investition in einen unbrauchbaren Namen zu vermeiden. Es empfiehlt sich die Ähnlichkeitsprüfung auch für den grafischen Logoentwurf (Bild- oder Wortbildmarke), um herauszufinden, ob die vermeintliche Idee nicht bereits von anderen als Marke angemeldet wurde. Und wenn es so ist, dann besteht auch die Möglichkeit, mit dem Inhaber von verwechslungsfähigen Marken einen Weg zur Koexistenz zu finden. Das kann durch Abgrenzungsvereinbarungen oder Lizenzverträge etc. geschehen.

## Kosten der Ähnlichkeitsprüfung

Die Markenähnlichkeitsrecherche für bis zu fünf Warenklassen kostet 130 Euro und benötigt fünf Tage. Das Patentamt bietet auch ein 24-Stunden- und ein 3-Stunden-Express-Service (160 Euro und 180 Euro, Stand 2016).

## Firmenregister

Suchen Sie bei Namensfindungen nicht nur im Markenregister, sondern auch im Firmenbuchregister, denn aufgrund der Verkehrsgeltung ist eine bereits existierende Firmenbezeichnung sehr wohl geschützt, auch wenn sie noch nicht als Marke registriert worden ist!

## Domainnamen

Auch die Nachschau im Internet, auf speziellen Seiten, wo die Verfügbarkeit von Domainnamen geprüft werden kann, ist empfehlenswert. Dort lässt sich prüfen, ob der Firmenname bereits als Domainname existiert: Auch wenn viele Begriffe nur spekulativ als Domainnamen angemeldet worden sind, um sie später an interessierte Firmen zu verkaufen, kann diese Prüfung ein Hinweis auf existierende Firmennamen sein. Der Besuch unter der angemeldeten Webadresse zeigt dann, ob diese Firma überhaupt existiert, und wenn ja, in welcher Branche sie tätig ist.

Ist der gewünschte Domainname bereits vergeben, genügt oft eine kleine Änderung der Schreibweise oder ein Textzusatz, um ihn dennoch fürs Web einsetzen zu können. Nachdem beispielsweise die Adresse „best.at" bereits vergeben war, wählte man einfach „best-for-you.at". Sobald der neue Firmenname vom Auftraggebenden akzeptiert wurde, wird er als Marke angemeldet und der entsprechende Domainname registriert.

## Kennzeichnung geschützter Marken

Häufig werden geschützte Marken mit dem hochgestellten kleinen „R" in einem Kreis (®) gekennzeichnet. Das ist nicht notwendig und ob es die formale Qualität des Logos verbessert, sei dahingestellt. Bei manchen historischen Marken hat man den kompletten Hinweis ins Logo integriert: „Geschützte Marke". Im angelsächsischen Raum wird auch die Buch-stabenkombination „TM" (Trade Mark) verwendet (™).

**Der
Rechnungshof**

**Unabhängig. Objektiv. Wirksam.**

**TECHNISCHE
UNIVERSITÄT
WIEN**
Vienna University of Technology

Österreichischer Akkreditierungsrat

Linde

**Logo-Entwicklungen von
Dunkl Corporate Design**

- *Der Rechnungshof
  (Logoentwurf: Nicole Mayrhofer)*
- *Universität Wien*

- *Technische Universität Wien*
- *Österreichischer Akkreditierungsrat*
- *Europäisches Forum Alpbach*
- *Linde (Fachverlag)*
- *Manz (Fachverlag)*

# jentzsch:

# MERKUR
## TREUHAND

**Logoentwicklungen von
Dunkl Corporate Design**

- Jentzsch (Druckerei)
- Gasthaus Kaiser (Restaurant und Catering)
- Aeristo (Leder für die Flugzeugindustrie)
- Merkur Treuhand (Steuerberatung)
- Belini (Einrichtungshaus)
- inpark (Immobilienprojekt)
- Wave (EDV-Dienstleistungen)

# Technische Universität Wien

 TECHNISCHE
UNIVERSITÄT
WIEN
Vienna University of Technology

**Entwurfskriterien für das Redesign der Technischen Universität Wien**

*Kompetenz für Technik:*
Die Farbe Blau, die Schablonen- typografie („Kisten- schrift") und die quadratische Form des Signets wurden belassen.

*Freude am Lehren, Lernen und Forschen:*
Die abgerundeten Ecken erzeugen Sympathie.

*Impact („Branding"):*
Die blaue Vollfläche des Signets verbessert die Wahrnehmung und entspricht einer Schablone für Kistenschriften.

- *Submarken der TU Wien*
- *Corporate Publishing*
- *Webdesign*

Research Centre
Energy and Environment

Quantum Physics and
Quantum Technologies

Materials and Matter

Information and
Communication Technology

Computational Science
and Engineering

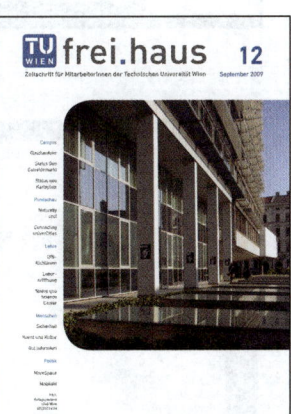

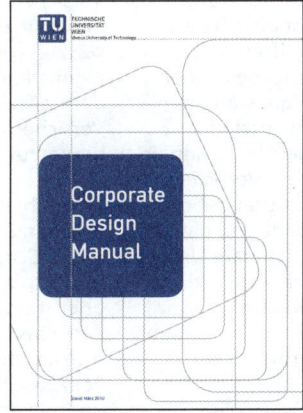

129

## Raiffeisen Versicherung

# Raiffeisen Versicherung

Die Raiffeisen Versicherung bietet maßgeschneiderte Versicherungsprodukte über das Raiffeisen-Banken-Netz an.

Die Eigenständigkeit der Raiffeisen Versicherung innerhalb des Raiffeisensektors erfordert einen eigenständigen Auftritt, der deutliche Signale zum Versicherungsangebot setzt und damit eine klare Unterscheidung zu den anderen Finanzdienstleistungen ermöglicht.

Es ist die Aufgabe des Logos und des Corporate Designs, dem Vertrauen in die Raiffeisenbank gerecht zu werden und gleichzeitig das Bewusstsein für das umfassende Versicherungsangebot zu stärken sowie die Eigenständigkeit der Raiffeisen Versicherung hervorzuheben.

Ein einheitliches Erscheinungsbild – vom Schaufensterplakat über die Visitenkarte bis hin zum Antrag und zur Polizze – fördert und sichert das positive Image, das für den Abschluss von Versicherungen notwendig ist.

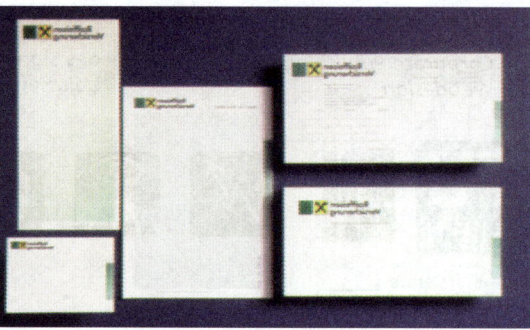

- *Drucksorten*
- *Kuverts*
- *Werbeschirm*
- *Homepage*
- *Animation der Submarke „ServiCenter"*
  *auf der Homepage*
- *Fuhrpark*

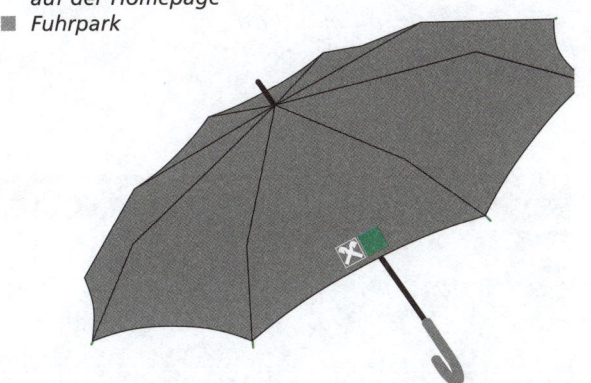

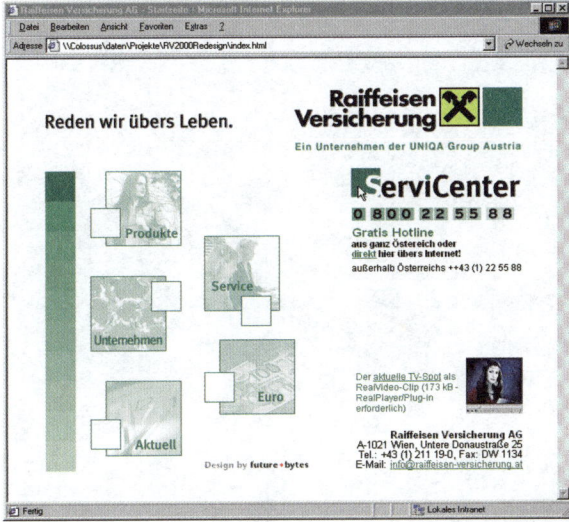

## Bundesministerium

**Die Entwurfs–
kriterien des
bmvit:**

*Bundesministerium
für Verkehr,
Innovation und Technologie*

- Kundenorien-
  tiertheit
- Professionalität
- Effizienz
- Outputorien-
  tierung
- Exzellenz und
  Know-how
- Dynamik
- Fortschritt-
  lichkeit
- Qualität
- „Think Global"

- *Logo*
- *Anstecknadel*
- *Drucksorten und
  Kugelschreiber*

Das Logo des
Bundesministeriums
für Verkehr,
Innovation und
Technik signalisiert
mit zwei Kugeln die
beiden großen
Bereiche des bmvit:
Infrastruktur und
Innovation.

Die klare Glie-
derung ist Aus-
druck der Kun-
denorientierung.

Das Entwurfs-
kriterium Dynamik
spiegelt sich in den
Kugelformen mit
angeschnittenen
Buchstaben wider.

Die Kleinschreibung
bmvit symbolisiert
die rasche Kommu-
nikation und
demonstriert
die Bereitschaft zu
unbürokratischem
Dialog.

Exzellenz und
Know-how drücken
die Farben aus:

Türkis steht für
Hightech und Hell-
grün steht für
Verantwortung.
Den optimistischen
Farben stehen die
grauen „bm"-Buch-
staben gegenüber,
die für Neutralität
und Objektivität
stehen.

## Nachgeordnete Dienststellen

Fernmeldebüro
für Wien, Niederösterreich und Burgenland

**Submarken des bmvit:**
- Logo Versa
- Fuhrpark Versa
- Logo Fernmeldebüro
- Logo Funküberwachung
- Logo Patentamt
- Corporate Publishing Patentamt

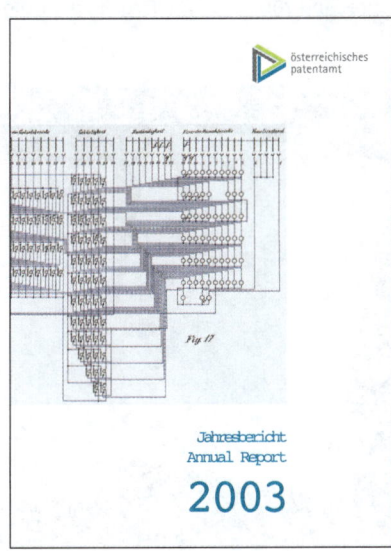

Innerhalb des Ministeriums gibt es Dienststellen, deren spezielle Aufgabenbereiche ein eigenständiges Erscheinungsbild erfordern.

Corporate Colour und Corporate Type sorgen für die deutliche Zuordnung zur Dachmarke bmvit.

## Radinger

radinger.print

Ziel des radinger.print-CD-Programms war, die Innovations- und Leistungsstärke des Unternehmens darzustellen.

Anlass für das CD-Projekt war der Umzug in das neuerrichtete Druck- und Medienzentrum.

Der englische Ausdruck „print" und die Kleinschreibung mit dem Punkt zwischen beiden Wörtern sprechen für

Modernität, Internationalität, Geschwindigkeit und neue Medien.

Das Logo konzentriert sich auf das Initial „R", das in acht waagrechte Balken aufgeteilt ist. Diese Darstellung symbolisiert die Digitalisierung und den Datenfluss über Bits und Bytes.

Jeder der acht Balken trägt eine andere Farbe und symbolisiert die neue 8-Farben-Druck-Technologie.

Die Regenbogenfarben erfüllen optimal die Entwurfskriterien „Freundlichkeit" und „persönliche Betreuung".

So werden Tradition und Innovation im neuen Logo vereint. Die klare, gut merkbare Gestalt des neuen Logos erlaubt auch die problemlose Umsetzung vom schwarz-weißen Stelleninserat bis hin zur Leuchtwerbung am Dach des neuen Firmengebäudes.

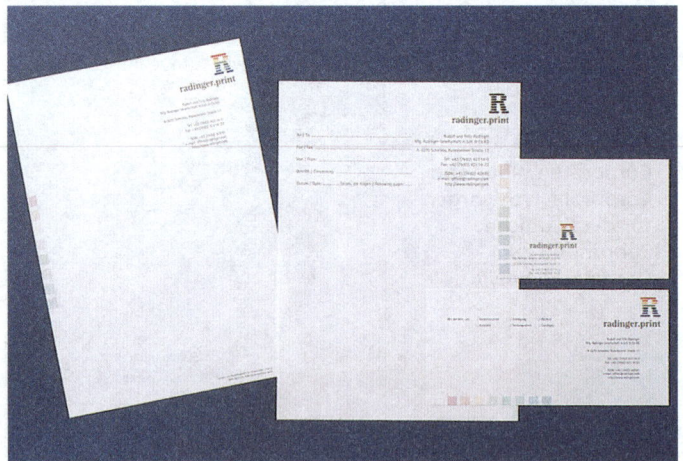

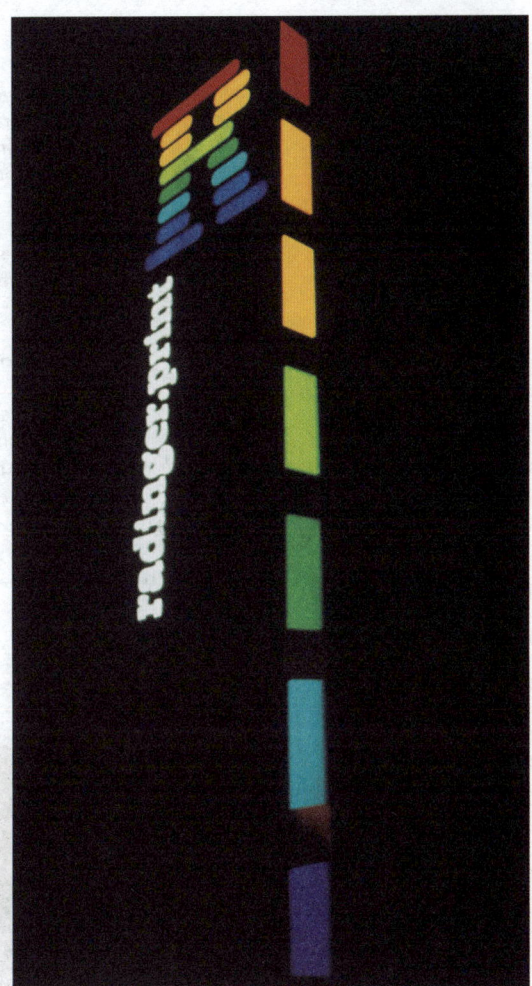

■ Drucksorten
■ Transportkarton
■ Inserat
■ Werbemonument
■ Fuhrpark

## Corpus Praxisgemeinschaft

Neue Wege in der Patientenbetreuung verlangen einen entsprechend modernen visuellen Auftritt.

Alternative Behandlungsmethoden und moderne Schulmedizin sind gleichberechtigt und werden im Logo durch klassische Schrift und ein dynamisches Signet ausgedrückt.

Die engagierten Ärzte der Gemeinschaftspraxis Corpus betrachten Krankheiten ganzheitlich.

Im Sinne der Ganzheitlichkeit beschränkt sich die visuelle Identität nicht auf Drucksorten, sondern wird konsequent bis in die Innenarchitektur angewendet.

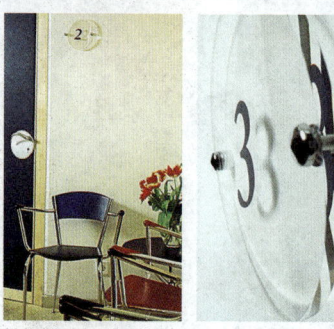

*Leitsystem*
*Innen-*
*architektur*
*Prospekt*
*Drucksorten*
*Werbe-*
*monument*

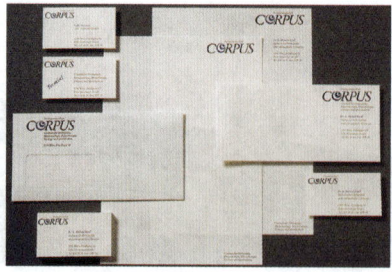

## Gesundheitswelt Chiemgau

Die Gesundheitswelt Chiemgau AG im bayerischen Bad Endorf bietet ein Thermalbad, Spezialkliniken, ein Hotel und diverse weitere Tochterfirmen.

Das bestehende Logo wurde wahrnemungs-psychologisch optimiert. Für die Submarken wurden eigene Logos entwickelt, die sich erkennbar auf die Dachmarke beziehen.

Gesundheitswelt Chiemgau

Chiemgau Thermen

Klinik St. Irmingard

Simssee Klinik

Thermenhotel Ströbinger Hof

Gesundheitsakademie Chiemgau

GWC Service

Im Zuge des Redesign-Prozesses erhielt auch die Gemeinde Bad Endorf ein Logo, das sie als Zentrum der Gesundheitswelt erlebbar macht.

Bad Endorf
Zentrum
der Gesundheitswelt

■ Dachmarke
■ Submarken
■ Logo Gemeinde Bad Endorf
■ Werbetafel
  (an der Bundesautobahn)

Jod-Thermalsolequelle Bad Endorf

## Weingut Koch

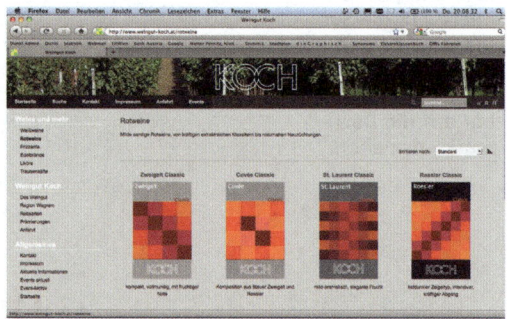

### Logo

Das Logo des Weinguts Koch in Großweikersdorf besteht aus Großbuchstaben, die Qualität und Bedeutung ausdrücken.

Die beiden runden Buchstaben „O" und „C" überschneiden sich, ähnlich den sich ausbreitenden Ringen rund um einen Tropfen, der in ein gefülltes Weinglas fällt. Diese Überschneidung ist ein Symbol für die hohe Kunst der Cuvéeherstellung und der harmonischen Vinifikation.

### Etiketten

Zum Erkennen von Weinsorten spielt der Farbeindruck eine große Rolle. Solange die Flasche aber noch geschlossen ist, fehlt diese Farbinformation. Das innovative Etikettendesign ermöglicht schnelles Erkennen und deutliches Unterscheiden aller Weinsorten.

Jede Sorte des Weinguts Koch erhielt ihr individuell gestaltetes Etikett. Es zeigt ein schachbrettartiges Muster, das je nach Qualitätsstufe aus mehr oder weniger Quadraten gebildet ist.

Die Muster setzen sich aus sortentypischen Farbtönen zusammen.

Die Grundfarben der Weißweinetiketten sind Gelbgrün, Goldgelb und Gelbbraun.

Die Grundfarben der Rotweinetiketten sind Violett, Purpurrot, Granatrot, Ziegelrot und Kupferrot.

Je herber eine Sorte ist, desto höher ist der Blauanteil im Etikettendesign, je lieblicher eine Sorte ist, desto wärmer ist die Farbgebung.

■ *Schnapsflaschen*
■ *Schriftzug*
■ *Webdesign*
■ *Weinflaschen*

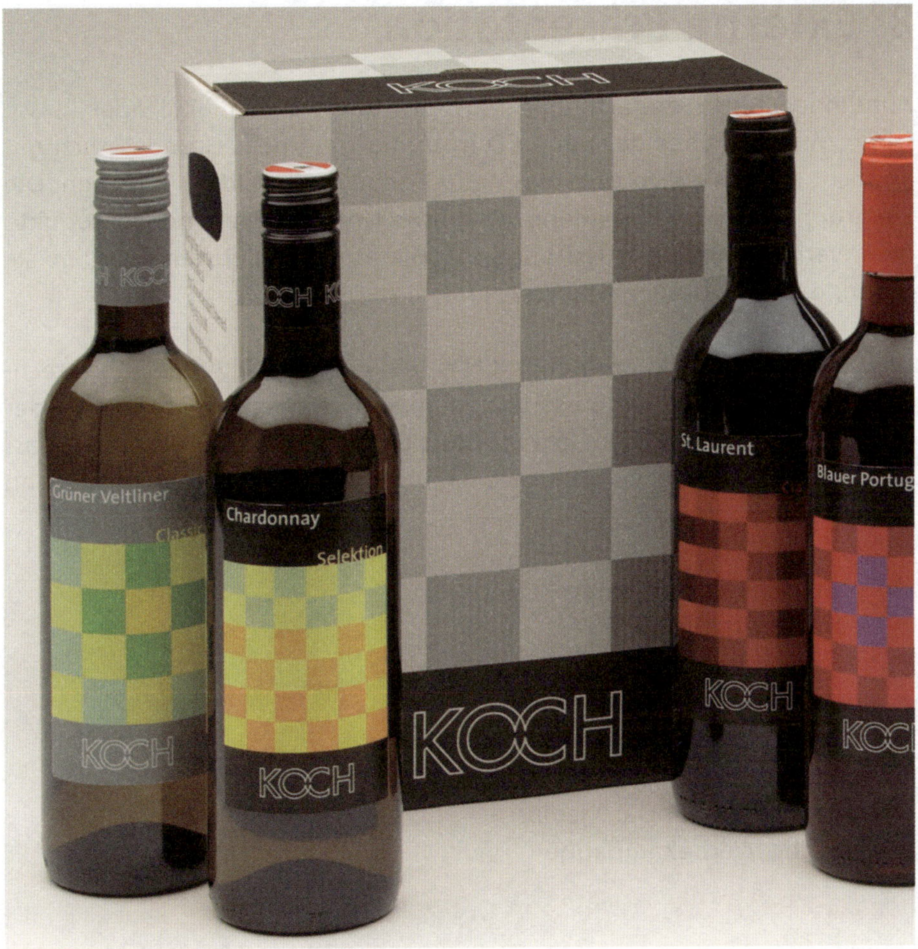
KOCH
Grüner Veltliner
Chardonnay
Selektion
KOCH
St. Laurent
KOCH
KOCH
KOCH

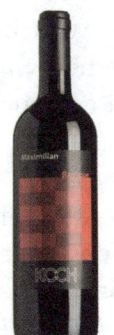

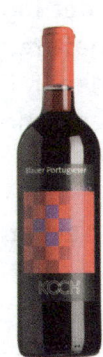

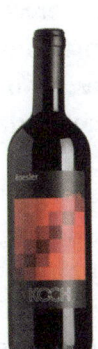

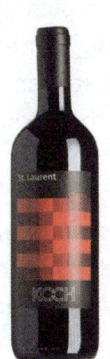

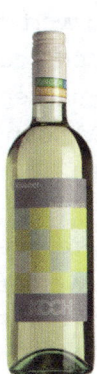

# 8. Externe Präsentation

KundInnen und LieferantInnen müssen mittels Direct Mail oder klassischer Werbung über das neue CD informiert werden. Grundsätzlich gilt es, nicht ausschließlich über das neue Erscheinungsbild zu sprechen. Die Zielgruppen interessiert mehr, ob unser Unternehmen neue Produkte oder verbesserte Dienstleistungen anbietet. (Am liebsten würden sie hören, dass etwas billiger geworden ist.)

Die Bekanntmachung des neuen CD ist ein geeigneter Anlass, über technische Innovationen, Verbesserungen im Service oder Änderungen in der Organisation zu berichten. Im Anschluss daran wird dann informiert, dass deswegen auch das visuelle Erscheinungsbild des Unternehmens neu gestaltet wurde.

**Möglichkeiten der externen Präsentation:**
- Presseaussendung
- Pressekonferenz
- Messestand
- Veranstaltung (Event)
- Direct Mail
- Newsletter und Social Media
- klassische Werbekampagne

## Presseaussendung

Ein neuer Firmenname und ein neues CD sind immer eine Presseaussendung wert. Man darf sich aber nicht erwarten, in der Tagespresse auf der Titelseite zu stehen, ja nicht einmal die Wirtschaftsredaktion wird bei den meisten CD-Projekten eine Erwähnung machen. Mit Sicherheit wird die Meldung jedoch in den einschlägigen Fachzeitschriften Beachtung finden.

Der Pressetext muss von einer PR-Beraterin oder einem PR-Berater verfasst werden und der Aussendung müssen abdruckreife Fotos des neuen Logos und seiner Anwendungen beigefügt werden. Bei Aussendungen via E-Mail muss ein Link mit den Bilddateien in Druckqualität (300 dpi!) zum Download angegeben werden.

## Pressekonferenz

Es ist ein Unterschied, ob ein Großkonzern oder ein mittelständischer Handwerksbetrieb sein neues CD bekannt machen will. Das Informationsmedium Pressekonferenz ist natürlich nur ab einer gewissen Größe für die externe Präsentation geeignet. PR-Agenturen, die zur Vorbereitung, Durchführung und Nachbetreuung einer solchen Veranstaltung unbedingt notwendig sind, können dem Unternehmen Auskunft über die Sinnhaftigkeit einer Pressekonferenz geben.

Im Katalog der CD-Elemente haben wir bereits die notwendigen CD-Elemente gelistet, die für eine Pressekonferenz erforderlich sind.

## Messestand

So wichtig CD für ein Unternehmen auch ist, so wenig interessiert es vorderhand die Kundschaft. Es wäre also falsch, das neue CD zum einzigen Thema des Messeauftrittes zu machen. Wohl aber ist eine Messeteilnahme ein hervorragender Anlass für die Vorstellung des neuen Erscheinungsbildes.

Bereits durch die Einladungsgestaltung für den Messebesuch lässt sich auf das neue CD hinweisen. Die Mehrdimensionalität des Messestandes erlaubt den vielfältigen Einsatz der neuen CD-Elemente: Fahnen, Wandgestaltungen, Displays, Videoprojektionen, Werbemonument etc.

## Veranstaltung (Event)

Wie beim Messeauftritt, so gilt auch bei einer Präsentationsveranstaltung: Das neue CD allein ist noch zu wenig Anlass für eine eigene Veranstaltung; nur wenn das neue CD mit einer wesentlichen Änderung im Angebot einhergeht oder das Ende eines Change-Prozesses markiert, ist ein spezieller Event ratsam.

Für den Ablauf der Präsentation gelten die gleichen Regeln wie für die oben beschriebene interne Präsentation, jedoch müssen die Reden kürzer ausfallen und der Unterhaltungscharakter wird im Vordergrund stehen.

Die niederösterreichische Druckerei Radinger informierte über ihre Umbenennung in radinger.print und über ihr neues CD-Programm im Rahmen eines großen Festes in ihrem neu errichteten Druck- und Medienzentrum. Eine Show, bei der TänzerInnen rund um die neue Achtfarben-Offsetmaschine ihre Performance darboten, gab genügend Gelegenheit, auf die Vorzüge der neuen Druckmaschine hinzuweisen.

Eine Veranstaltung zur Bekanntmachung des neuen Erscheinungsbildes muss nicht eigens zu diesem Zwecke stattfinden. Es ist auch möglich, sich an eine andere, vielbeachtete Veranstaltung anzuhängen, indem man sie als Sponsor für die Präsentation nutzt. So machte es die Banque National de Paris (BNB), die als Hauptsponsor des internationalen Tennisturniers „Roland Garros" im Jahre 1987 ihr neu geschaffenes Logo im ganzen Stadion unübersehbar platzierte. TV-Liveübertragungen und der zeitgleiche Start einer weltweiten Werbekampagne machten das neue CD schlagartig bekannt (Beispiel entnommen aus: Brun/Rasquinet, L'Identité visuelle de l'Entreprise. Les Editions d'Organisation 1996).

## Directmail

Unabhängig von der Unternehmensgröße ist ein Directmail für Dienstleister, Handwerks- und Produktionsbetriebe sicherlich das probateste Mittel, KundInnen über ein neues CD zu informieren, da diesen Unternehmen in der Regel alle ihre Kunden mit Namen und Anschrift bekannt sind.

Die Umsetzung muss originell und unterhaltsam sein. Ideal ist ein Werbegeschenk im neuen Design. Gut geeignet ist auch die Kombination mit einem Neujahrs- oder Weihnachtsgruß, bei dem die sekundären Stilelemente dekorativ angewendet werden. Ein Rundschreiben alleine genügt jedenfalls nicht!

Manz Crossmedia verschickte zur Bekanntmachung seiner neuen Identität ein dreistufiges Mailing. Zuerst erhielten KundInnen eine Flasche edlen Rotweins. Auf dem nach den neuen CD-Richtlinien gestalteten Etikett stand zu lesen, dass „wie Winzer in der Cuvée ihre besten Rebsorten zu einem Gesamtkunstwerk vereinen, Manz Crossmedia medienübergreifende Leistungen als Gesamtpaket anbietet". In der zweiten Stufe bewies man medienübergreifendes Know-how mittels eines Multimedia-Fachwörterbuches und in der dritten Stufe verschickte man eine CD-ROM mit einem unterhaltsamen Computerspiel, dessen Gewinnscore via Homepage der Druckerei zu einem attraktiven Gewinn führte. So gelang es, das neue CD gleichzeitig mit dem neuen Leistungsangebot glaubwürdig und effektvoll zu inszenieren.

## Newsletter und Social Media

Die schnellsten Medien zur Informationsverbreitung sind die sozialen Netzwerkdienste wie Twitter, Facebook etc. Hier sind die Gestaltungsmöglichkeiten stark eingeschränkt, weshalb sie nicht weiter erörtert werden müssen. Newsletter sind ebenso geeignet, ein neues CD schnell bekannt zu machen. Der Newsletter ist selbst ein wichtiges CD-Element und wird daher CD-konform gestaltet. Wichtig ist es, die Themen kurz anzuteasern, möglichst mit einer Abbildung, und erst per Link zum eigentlichen Artikel zu gelangen. Auf einen Blick sollen EmpfängerInnen sehen, welche Inhalte der Newsletter bietet.

## Klassische Werbekampagne

Die Vorstellung des neuen CD über Inserate ist bei allen Unternehmen sinnvoll, die eine breite Zielgruppe haben, aber nicht jede Kundin oder jeden Kunden persönlich kennen. Infrage kommen alle Printmedien, die von KundInnen und LieferantInnen gelesen werden.

Überregionale Tageszeitungen, Wochenmagazine, TV-Werbung oder Plakatkampagnen kommen wegen der hohen Schalt- und Produktionskosten und der hohen Streuverluste nur für national agierende Unternehmen in Betracht.

Beim Redesign von Unternehmen, die landesweit viele Filialen betreiben, z.B. Supermarkt- oder Tankstellenketten, ist ein massenmedialer Auftritt unumgänglich, damit KonsumentInnen ihre Märkte oder Tankstellen auch wiederfinden. (Newcomer am Markt werden sowieso massenmedial eingeführt – und somit ihr CD.)

# 9. CD-Manual

Das CD-Manual ist die Bibel jedes CD-Programms. Es ist das komplette Regelwerk, mit dessen Hilfe Interne (Filialen, Töchter) und Externe (Werbeagenturen, Druckereien, Schildermaler usw.) dezentral CD-Elemente herstellen können.

Es ist mir unverständlich, warum in vielen Unternehmen die in zu niedriger Auflage produzierten Exemplare des CD-Manuals eifersüchtig gehütet und nur ungerne aus der Hand gegeben werden. Das widerspricht gänzlich dem eigentlichen Zweck. Das CD-Manual ist kein repräsentatives Erinnerungsalbum an selige CD-Zeiten, sondern ein praktisches Nachschlagewerk für Mitarbeitende und LieferantInnen. Es muss also in großer Auflage hergestellt und auch verbreitet werden. Weniger als 100 Exemplare für einen Mittelbetrieb sind kaum sinnvoll, zumal niedrigere Auflagen auch nicht wirklich billiger hergestellt werden können.

CD-Manuals werden als Ordner mit Einlageblättern zum Abheften produziert. Das bietet den Vorteil, dass neu hinzugekommene Vorgaben ergänzt oder ungültig gewordene Anwendungsbeispiele ersetzt werden können. Die Produktion von einzelnen Blättern ermöglicht kostengünstig die unterschiedliche Wiedergabe von Schmuckfarben und Prozessfarben. Besonders häufig benötigte Seiten, wie Farbmuster, können so leicht nachgefüllt werden. Auch originale Papiermuster lassen sich beiheften.

### CD-Manual online
Parallel zur gedruckten Ausgabe wird das CD-Manual im Web zur Verfügung gestellt, üblicherweise im Intranet. Hier lassen sich aktuelle Änderungen noch schneller publizieren. So ist auch beim Downloaden von Dateien, beispielsweise des Logos, gewährleistet, dass keine veralteten Versionen in Umlauf kommen. Für solche Downloads gibt es üblicherweise Zugangsbeschränkungen. Wenn das Online-CD-Manual nicht nur eine PDF-Datei der Druckversion ist, sondern eine HTML-programmierte Site, wird es responsiv gestaltet. Es ist dann optimiert für alle Screengrößen, vom Smartphone über das Tablet bis zum Desktop-Computer. Der Nachteil von solchen Online-Styleguides ist allerdings die fehlende Möglichkeit zur Beilage von Original-Druckfarbenmustern oder Papier-Griffmustern.

# Aufbau und Inhalt des CD-Manuals

Heute werden CD-Manuals auch im Intranet bereitgestellt, so können die Mitarbeitenden jederzeit die gültigen Gestaltungsregeln online nachlesen.

Trotzdem ist ein gedrucktes CD-Manual unerlässlich. Nur in der gedruckten Form lassen sich Muster für Farbtöne und Papierqualitäten verbindlich vorgeben!

Um Einzelseiten problemlos austauschen zu können, und um den Seitenumfang erweitern zu können, wird auf eine Paginierung verzichtet. Zur Orientierung erhalten alle Seiten eine hierarchische Kapitelzählung, z. B.:

1.      Basisdesign
1.1     Logo
1.1.1   Logo und Slogan
        etc.

Das Titelblatt des CD-Manuals trägt immer ein Datum und/oder eine Versionsnummer, damit sichergestellt wird, dass die aktuelle Ausgabe vorliegt.

Nur wenn alle im Folgenden beschriebenen Kapitel enthalten sind, kann man von einem CD-Manual sprechen.

**Vorwort**
■ Herleitung der Entwurfskriterien aus dem Leitbild
■ Aufruf zur konsequenten Anwendung des CD-Programms

**Inhaltsverzeichnis**

**Basisdesign: Logo**
■ farbig, schwarz-weiß und negativ
■ Konstruktion mit Proportionsangaben
■ mit Slogan oder anderen Zusätzen
■ im Umfeld (Mindestabstände)
■ Sonderanwendungen
■ verbotene Versionen

**Basisdesign: Corporate Color**
■ Logofarben
■ Sekundärfarben
■ Farbklima

**Basisdesign: Corporate Type**
■ Hausschrift
  Headlines
  Zwischenüberschriften
  Bildlegenden und
  Hervorhebungen
  Mengensatz
■ Korrespondenzschrift in E-Mails
■ Web Fonts

**Basisdesign: Sekundäre Stilelemente**
■ Streifen, Muster
■ weitere Dekorelemente
■ Keyvisuals
■ Illustrations- und Fotostil

## Basisdesign: Ordnungsprinzip

- Formate
- Satzspiegel
- Ausrichtungen
- Grundlinienraster
- Achsen

## Anwendungen: Drucksorten

- Briefbogen
- Folgeblatt
- Visitenkarte
- Kuvert

## Weitere Anwendungen

Je nach Unternehmen werden weitere typische Anwendungsbeispiele aus den Bereichen Personal, Produktion und Kommunikation angeführt, z.B.:

- Fuhrpark
- Verpackungen
- Werbegeschenke
- Leitsystem
- Inserate
- Broschüren etc.
  (siehe Katalog der CD-Elemente)

Im Anhang können Richtlinien für den Sprachstil des Unternehmens angeboten werden (Corporate Language, Corporate Code).

## Impressum

- mit Angabe der für das CD verantwortlichen Person

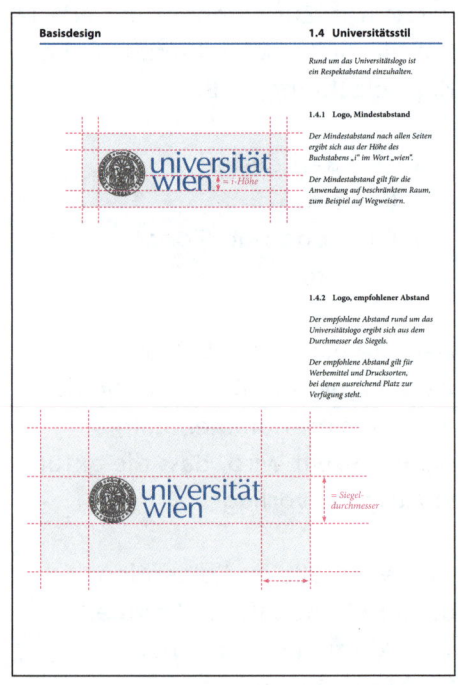

*Seiten aus dem CD-Manual*
*der Universität Wien*

146

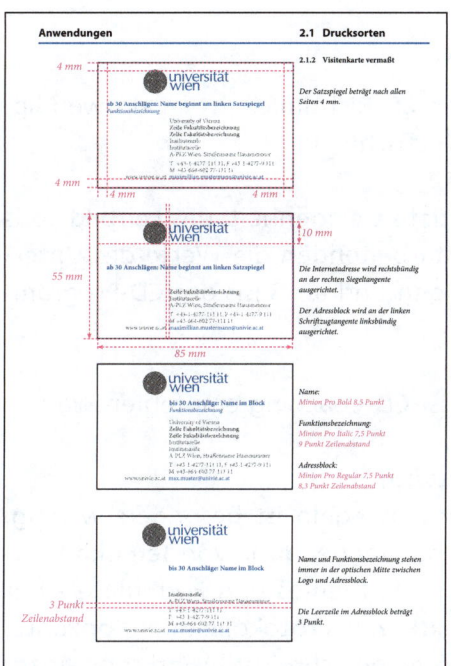

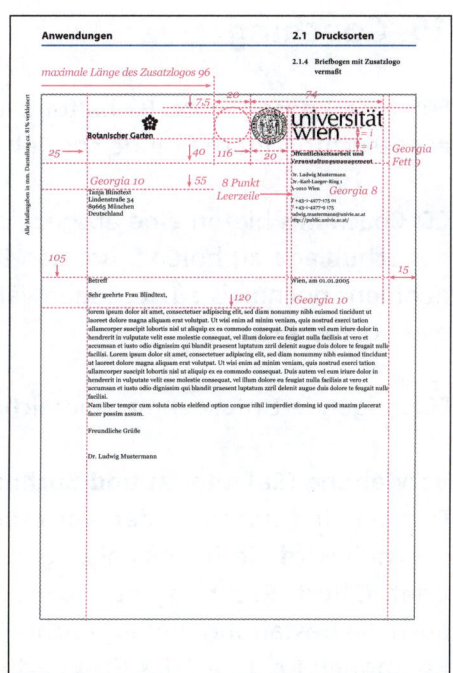

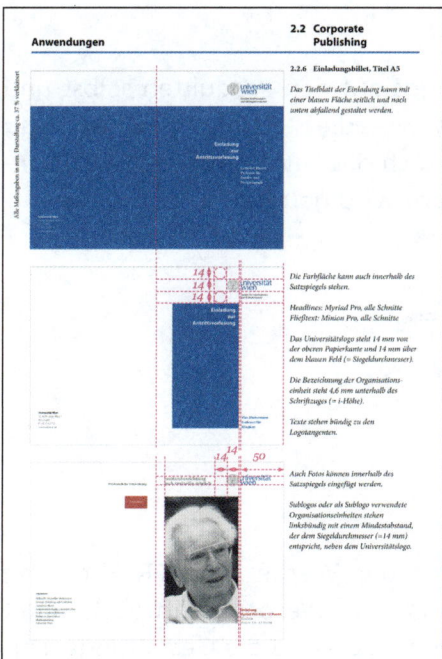

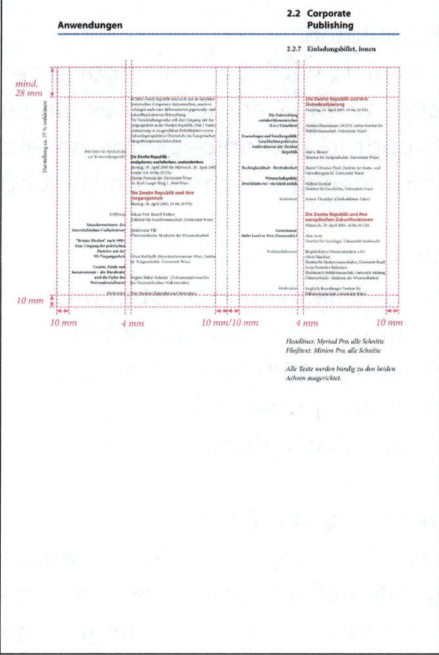

# 10. Coaching

Für eine konsequente Einhaltung der CD-Richtlinien ist es notwendig, ausgesuchte Mitarbeitende speziell einzuschulen.

CD-Coachings bieten eine ausgezeichnete Gelegenheit, das Leitbild „aus der Schublade zu holen", um den Mitarbeitenden die Werte des Unternehmens nochmals zu vergegenwärtigen und als Basis des CD-Programmes vorzustellen.

Für folgende Unternehmensbereiche ist CD-Coaching empfehlenswert:

### Verwaltung (Sekretariat und Buchhaltung)
Das genaue Einhalten der Korrespondenzregeln ist besonders wichtig. Geschult wird die Textgestaltung und die Verwendung von Templates für Brief, Offert, Rechnung etc. sowie interne Memos und Formulare, aber auch die Gestaltung umfangreicher Texte, z. B. Protokolle oder Konzepte. Es empfiehlt sich, an das CD-Coaching einen Schreibstil-Workshop anzuschließen.

### Produktion
Definiert wird die Anbringung des Logos auf den Produkten selbst und auf deren Transportverpackungen sowie die technische Umsetzung (Siebdruck, Schablone, Stempel etc.). Auch das Layout von Gebrauchsanleitungen und technischen Handbüchern wird geübt.

### Verkauf
- Erstellen von Preislisten und Offerten
- Besprechung der Dresscodes
- korrekte Preisauszeichnung
- Warenpräsentation
- Arbeitskleidung

### Werbung und PR
Das Coaching der Mitarbeitenden aus der Werbe- und PR-Abteilung gewährleistet die notwendige Kontinuität im Werbeauftritt (CC). Inhalt des Coachings sind der Umgang mit dem Logo und die Gestaltungsrichtlinien für Werbemittel und Presseinformationen. Besonders wichtig ist

das Coaching der Grafikabteilung in Unternehmen mit flexiblen oder generativen Logos (siehe. S. 86).

## EDV-Abteilung

Weil die EDV-SpezialistInnen für das Content-Management von Intranet und Internet und das Erstellen neuer Unterseiten zuständig sind, kommt deren Coaching große Bedeutung zu. Auch auf den Bildschirmen muss der einheitliche Auftritt gewährleistet sein.

## Hausverwaltung

Fast alles, was in, am und um das Firmengebäude herum sichtbar ist, wird von der Bauabteilung hergestellt bzw. bestellt und von der Hausverwaltung gewartet. Daher müssen die betreffenden Mitarbeitenden genau mit den Richtlinien für das Environmental Design vertraut gemacht werden. Das beginnt bei der Gestaltung von Baustellenumzäunungen oder Gerüstabdeckungen und geht bis zur Möblierung und Ausgestaltung der Büros. Auch das einheitliche Erscheinungsbild aller Beschilderungen (Leitsystem) fällt in diesen Bereich.

# 11. Nachbetreuung

Corporate Design lebt. Der technische und geschmackliche Wandel erfordert ein permanentes Nachjustieren. Werden diese Anpassungen konsequent vorgenommen, erspart man sich klassische Redesignmaßnahmen, denn kleine Nachjustierungen werden nicht als Bruch wahrgenommen.

Ein Beispiel für solches Vorgehen gibt Coca Cola: Stellen Sie eine zehn Jahre alte Coca-Cola-Dose neben eine aktuelle, Sie werden starke Gestaltungsunterschiede feststellen. Trotzdem ist Ihnen nie ein dramatisches Redesign aufgefallen.

Die CD-Arbeitsgruppe muss ein- bis zweimal jährlich zusammentreffen, um allfällige Änderungen oder Ergänzungen zu beschließen. Auch CD-relevante aktuelle Maßnahmen wie Filialen, Zubauten, Fuhrpark- und Sortimentserweiterungen oder eine erstmalige Messeteilnahme sind Arbeitsbereiche der CD-Arbeitsgruppe.

# Glossar

**Verzeichnis der verwendeten Abkürzungen und Symbole:**

abgk., abgekürzt
Abkg. f., Abkürzung für
engl. f., englisch für
→, siehe auch
hist., historisch

**Abfallend**, Bilder oder Grafiken, die über den → Satzspiegel und bis an die Papierkante reichen.

**Ablehnungshonorar**, Honorar für einen Entwurf, der nicht zur Veröffentlichung gelangt.

**Andruck**, Probedruck auf Originalpapier im Original-Druckverfahren (einziges verlässliches Probedruckverfahren, jedoch sehr teuer), auch: Kontrolle der ersten, aus der Druckmaschine kommenden Bögen.

**Anmutung**, Eindruck, der beispielsweise durch ein Logo beim Betrachter erweckt werden soll.

**Antiqua**, Schriftkategorie: alle Schriften mit → Serifen und klassischem Breit-schmal-Duktus.

**App,** engl. f. application software. Programm, das die Basisfunktionen eines Smartphones oder Tablets um eine bestimmte Funktion erweitert.

**Artwork**, engl. f. Illustration, bildhafte künstlerische Darstellung.

**Ausrichtung**, typografische Bezeichnung für Richtung im → Flattersatz.

**Banner**, Werbeeinschaltung auf einer → Homepage.

**Basisdesign**, Grundausstattung des CD und erster Entwurfsschritt im → CD-Prozess, bestehend aus Logo, Hausfarben, → sekundären Stilelementen und → Hausschriften.

**Bearbeitungsrecht**, Recht von Kunden, einen Entwurf eigenmächtig zu verändern. Muss durch UrheberInnen ausdrücklich genehmigt werden (→ Urheberrecht).

**Bildlegende**, Bildunterschrift. Textzeile, die eine neben-/oben-/untenstehende Abbildun erklärt.

**Bildmarke**, → Signet, beim Patentamt registriert.

**Bildschirmmedien**, elektronische → Informations- und → Organisationsmittel, die am Bildschirm oder über Videobeamer betrachtet werden. B. sind z.B. → Intranet und → Internet.

**Blaupause**, Kopie des Druckfilms in Originalgröße (hist.).

**Blindtext**, sinnloser Text in der richtigen typografischen Gestaltung (zu Entwurfszwecken).

**Blister**, (engl.), Verpackung kleiner Produkte unter einer Klarsichtfolie auf einem Karton.

**Blocksatz**, Textgestaltung mit

exakt gleichlangen Zeilen, selbst bei unterschiedlicher Buchstabenmenge (im Gegensatz zum → Flattersatz). Schreibprogramme am PC verleiten Laien zur unsachgemäßen Anwendung von Blocksatz: wenn nicht Zeile für Zeile händisch ausgeglichen wird, reißen auch gute Textprogramme hässliche Löcher in den Schriftblock.

**Brand**, engl. f. Brandzeichen; → Marke.

**Brand Design**, Einheitliches Erscheinungsbild eines Markenartikels; umfasst Produktlogo („Brand"), Verpackung, Verkaufsförderungs- und → POS-Material.

**Brand Extension**, Übertragung eines Markenimages (Image Transfer) auf eine fremde Produktkategorie, z. B. CAT-Baumaschinen und CAT-Stiefel (Caterpillar).

**Brand Identity**, das formulierte Selbstverständnis eines Markenartikels, sein Mythos, seine Geschichte, seine einzigartigen Vorteile, sozusagen eine Mini- → Corporate Identity für ein Produkt oder eine Dienstleistung.

**Branding**, Marketingfachbegriff für den strategischen Umgang mit → Marken.

**Bürstenabzug**, veraltet für → Laserausdruck (im Bleisatz wurden die Lettern mit Druckfarbe geschwärzt und als Probedruck ein Blatt Papier mit der Bürste angerieben).

**CB**, Abkg. f. → Corporate Behaviour.

**CD-Arbeitsgruppe**, Team, bestehend aus entscheidungsbefugten Personen des Unternehmens und der CD-Agentur.

**CD-Element**, jedes im Rahmen des → CD-Prozesses zu gestaltende Objekt.

**CD-Guidelines**, engl. f. CD-Richtlinien (→ Style Sheet).

**CD-Katalog**, umfassende Liste aller → CD-Elemente.

**CD-Manual**, umfassende Darstellung aller → Gestaltungsrichtlinien und der wesentlichen → CD-Elemente.

**CD-Prozess**, mehrstufiger, individuell auf den oder die Kundin abgestimmter Prozess zum Erlangen eines → Corporate Designs. Corporate Design kann nur im ständigen Dialog und unter Anwendung klarer Gestaltungskriterien entstehen.

**CD-Verantwortliche(r)**, vom Eigentümer oder Geschäftsführer ernannte(r) Vorsitzende(r der → CD-Arbeitsgruppe.

**Chart**, Karton, auf den zur → Präsentation ein → Entwurf aufgezogen wird.

**Chromalin**, abgesehen vom → Andruck das farbtreueste

Probedruckverfahren. Es wird bereits von den Originalfilmen ausgegangen.

**Claim**, knapp und treffend formulierte Aussage über einen oder mehrere Kernwerte eines Unternehmens, steht unterhalb des Logos → Corporate Statement.

**CMYK**, Abkg. f. Cyan, Magenta, Yellow, Key („Kontrast"). Die vier Farben des Vierfarb-Druckverfahrens.

**Coaching**, Training der Mitarbeitenden für einheitliche Anwendung der Gestaltungsrichtlinien.

**Copy** → Mengensatz.

**Copyproof** → Proof.

**Copyright**, engl. f. → Urheberrecht. Da das amerikanische Urheberrecht wesentlich vom hiesigen abweicht, sollte nur der deutsche Begriff → Urheberrecht verwendet werden.

**Corporate Architecture**, Gestaltung der Gebäude, Fassaden, der Büros, der Verkaufsstellen oder Messestände etc. nach den → CD-Richtlinien.

**Corporate Behaviour**, (abgk. CB) neben → Corporate Communications und → Corporate Design eine der drei Exekutivebenen unterhalb der → Corporate Identity. CB ist die Umsetzung aller Verhaltensrichtlinien aus dem Unternehmensleitbild, bei-spielsweise bezüglich Serviceverhalten, Sortimentsgestaltung oder Weiterbildung.

**Corporate Code**, Methode zur Entwicklung und Implementierung von unverwechselbarer Unternehmenssprache. Corporate Code ist eine geschützte Wortmarke von Martin Dunkl.

**Corporate Communications**, (abgk. CC) neben → Corporate Behaviour und → Corporate Design eine der drei → Exekutivebenen unterhalb der → Corporate Identity. CC ist die Umsetzung aller Kommunikationsrichtlinien aus dem Unternehmensleitbild, beispielsweise → USP, Werbestil oder Public Relations.

**Corporate Culture**, gelebte Firmenphilosophie bei Einhaltung sämtlicher Leitbild-Richtlinien.

**Corporate Colour**, Definition der Primärfarben (Logofarben) und Sekundärfarben und ihr Verhältnis zueinander (Farbklima).

**Corporate Design**, (abgk. CD), die Gesamtheit aller bewusst beeinflussten, optisch wahrnehmbaren Erscheinungsformen eines Unternehmens. CD kann nur in einem → CD-Prozess entstehen. CD wird häufig mit → CI verwechselt. Auch herrscht vielerorts der Irrglaube, ein → Logo alleine sei bereits CD.

**Corporate Identity**, (abgk. CI) ist das formulierte Selbstverständnis eines Unternehmens. CI besteht aus festgeschriebenen, bindenden Prinzipien für Verhalten, Kommunikation und Erscheinungsbild zur Bestimmung einer unverwechselbaren Unternehmenspersönlichkeit. CI ist die Voraussetzung für → CD.

**Corporate Language**, regelt den einheitlichen Sprach- und Schreibstil im Unternehmen → Corporate Code.

**Corporate Publishing**, regelmäßig publizierte Druckwerke von Unternehmen, z. B. Kundenzeitschrift, Jahresbericht oder auch (online) Newsletter, Teil des → Editorial Design.

**Corporate Sound**, das akustische Erscheinungsbild eines Unternehmens (z. B. Jingle, Musik in der Telefonanlage etc.).

**Corporate Statement**, Slogan, der unter das Logo gestellt eine grundsätzliche Aussage über das Unternehmen enthält → Claim.

**Corporate Type**, das typografische Erscheinungsbild eines Unternehmens.

**Corporate Wording**, Psychologisches Schreibstilmodell, das vier Empfängertypen unterscheidet.

**Crowner**, Werbeschild, fix über einem → Display montiert. Meist aus Karton.

**Dachmarke**, → Marke, unter der weitere untergeordnete Marken bestehen → Submarke (z. B. Henkel und Persil).

**Deckenhänger**, Werbeschild, von der Decke hängend.

**Desktop-Research**, Recherche, die online (vom Schreibtisch aus) erledigt werden kann.

**Dispenser**, Behälter zur Entnahme von kleinen Verkaufsartikeln oder Teilnahmescheinen.

**Display**, werblich gestaltetes Verkaufsregal mit zumeist kurzfristiger Lebensdauer.

**Distribution**, Bestandteil des → Marketing, Entscheidung, wo, wie und wann ein Produkt angeboten wird (Distributionsmix).

**Dresscode**, Bestandteil des → CD, Richtlinien für die Bekleidung von Angestellten. Im Gegensatz zur Arbeitskleidung oder Uniform meist generelle Empfehlung für bestimmten Kleidungsstil.

**Druckerei**, Gewerbebetrieb für die Produktion sämtlicher → Drucksorten. Um die Einheitlichkeit aller gedruckten → CD-Elemente zu gewährleisten, sollte man nach eingehender Prüfung über längere Zeit nur eine einzige Druckerei beschäftigen.

**Drucksorten**, alle CD-Elemente,

die der Korrespondenz dienen, insbesondere Briefbogen, → Folgeblatt, Visitenkarte, Kuvert, Grußkarte, Adresskleber.

**Drucküberwachung,** Kontrolle des → Andruckes und der Druckereiabrechnung. Ist nicht Bestandteil der Reinzeichnung und wird gesondert vom CD-Berater verrechnet.

**Durchschuss,** Zeilenabstand im Text.

**Dynamisches CD,** CD-Programm mit → flexiblem oder → generativem Logo oder sekundären Stilelementen, die keinen starren Anwendungsregeln unterworfen sind.

**Dynamisches Logo,** → Flexibles Logo.

**Editorial Design,** grafische Gestaltung von Büchern, Katalogen, Zeitungen oder Zeitschriften → Corporate Publishing.

**Einzug,** Einrücken einer Textzeile.

**Endorsermarke,** abstrakte → Dachmarke, deren → Logo im Erscheinungsbild einer → Submarke nur marginal („empfehlend") aufscheint.

**Entwurf,** eigentliche Schöpfungsphase im → CD-Prozess. Der E. ist eine geistige Arbeit, die eigens für Auftraggebende nach ihren Angaben erstellt wird. Er ist daher in jedem Falle entgeltlich.

**Entwurfskriterien,** Ziele und Imageparameter, nach denen der CD-Agenturen ihre Entwurfsarbeit orientieren und Auftraggebende die Entwurfsergebnisse auf ihre Richtigkeit prüfen können. Die Entwurfskriterien werden von den → Gestaltungsrichtlinien der → CI abgeleitet. Ohne Entwurfskriterien bleibt Entwurfsarbeit dem Zufall überlassen.

**Eps,** engl. Abkg. f. encapsulated post script, elektronisches Speicherformat, um Bilder, die in einem fremden Programm erstellt worden sind, im eigenen Programm öffnen zu können. Zumeist werden → Logos in einem Zeichenprogramm erstellt, als eps können sie dann in einem Textverarbeitungsprogramm verwendet (aber nicht verändert) werden.

**Erscheinungsbild,** das Bild, welches ein Unternehmen in all seinen Erscheinungsformen hat. Erst wenn es gezielt geplant und gesteuert wird, spricht man von → Corporate Design.

**Externe Recherchen,** Untersuchung des Unternehmensumfelds: Mitbewerb, Zielgruppen etc.

**Familienmarke,** → Dachmarke, unter der sich → Submarken befinden, welche sich im Erscheinungsbild und in den Markenwerten stark an die F. anlehnen, z. B.: Knorr mit Knorr-Suppen und Knorr-Fertiggerichten.

**Farbklima**, Bestandteil des → CD, Zusammenwirken und anteilsmäßige Verteilung der Logofarben und weiterer → Hausfarben auf unterschiedlichen → CD-Elementen.

**Feindaten**, Fotos mit zum Druck geeigneter sehr hoher Auflösung. In der Entwurfsphase werden nur sogenannte Rohdaten verwendet, also mit für den Druck ungeeigneter niedriger Auflösung.

**Firmenfarben**, Bestandteil von → Corporate Colour (→ Farbklima), Firmenfarben sind mehr als nur die Logofarben.

**Firmenimage**, Meinung über ein Unternehmen hinsichtlich sämtlicher Parameter wie Qualität, Umweltfreundlichkeit, Arbeitnehmerfreundlichkeit, Verlässlichkeit etc. Das Firmenimage ist das Fremdbild des Unternehmens, während → CI das Selbstbild darstellt.

**Firmenzeichen**, → Logo.

**Flattersatz**, Textgestaltung mit ungleich langen Zeilen (im Gegensatz zum → Blocksatz).

**Flexibles CD**, → Dynamisches CD.

**Flexibles Logo**, Logo, das keinen starren Darstellungsregeln unterworfen ist.

**Flexodruck**, Druckverfahren für Verpackungen aus Folien. Nicht immer sind alle → Firmenfarben exakt im Flexodruck wiederzugeben, da die verfügbare Farbenanzahl und die Druckqualität nicht ausreichen.

**Folgeblatt**, das zweite Blatt eines Briefes. Es trägt nur das → Logo und keine weiteren Textelemente.

**Font**, engl. f. Schrifttype.

**Fotostil**, Bestandteil des → CD, Richtlinien für FotografInnen bezüglich Image- oder Werbefotografie.

**Fotoüberwachung**, Kontrolle während der Fotoaufnahmen vor Ort. Wird meist von der CD-Agentur wahrgenommen und stundenweise abgerechnet.

**Freistempel**, automatischer Poststempel mit der Möglichkeit, das → Logo mitzustempeln. Leider ragt der Freistempel bei Fensterkuverts weit in den Bereich oberhalb des Fensters hinein. Das muss beim Gestalten von Kuverts berücksichtigt werden.

**Gemeine**, Kleinbuchstaben.

**Generatives Logo**, Sonderform eines → flexiblen Logos, dessen Gestalt nicht von Personen geschaffen wurde, sondern durch einen Algorithmus entstehen.

**Gestaltungskriterien**, → Entwurfskriterien.

**Giveaway**, Werbegeschenk.
Leider werden hier viele CD-
Sünden begangen, da diese
→ Werbemittel meist von Drittlieferanten produziert werden.
Gerade bei dieser imagebilden-
den Maßnahme muss beson-
ders auf die Einhaltung des CD
geachtet werden!

**Grotesk**, Bezeichnung für
Schriften, die keine → Serifen
haben.

**Grundgestaltung**, prinzipielle
Gestaltung eines CD-Elements,
danach werden individuelle
Anpassungen vorgenommen,
z. B. Visitenkarten-Grund-
gestaltung und danach Visitenkarten mit Handynummer
oder Privatadresse für einzelne
Mitarbeitende.

**Halbton**, Bilder und Farbflächen
auf Drucksachen, die durch
Verwendung von Rastertechnik
(→ Litho) den Eindruck echter
Farbverläufe erwecken.

**Hausfarben**, → Firmenfarben.

**Hausschrift**, Bestandteil des
→ CD, die Schriftarten, die im
→ CD-Manual definiert sind und
bei sämtlichen → CD-Elementen
verwendet werden müssen.

**Headline**, engl. f. Überschrift.

**HKS**, Farbdefinition des HKS-
Warenzeichenverbandes zur einheitlichen Definition von
→ Schmuckfarben. Die Farbe
wird durch Angabe des Kür-
zels „HKS" und einen Zahlen-
code definiert. Zusatzbuchsta-
ben unterscheiden Farbzu-
sammensetzungen für unterschiedliche Druckpapiere.

**Icon,** → Symbolzeichen auf einer
Website oder → App, zumeist
detailreicher und mehrfarbiger
gestaltet als ein Piktogramm.

**Identity Mix,** das koordinierte
Zusammenspiel der exekutiven
Instrumente → CC, → CB und
→ CD, mit dem Ziel → CI umzu-
setzen.

**Image,** → Firmenimage.

**Informationsmittel**, CD-Elemente,
die dem sachlichen Informa-
tionsaustausch dienen,
z. B. Telefonnotiz und Arbeitsan-
weisungen (interne I.) oder
Pressemappe und Packzettel
(externe I).

**init_cd,**→ Verein „Initiative
Corporate Design", zur
Förderung des Corporate-
Design-Gedankens.
Gegründet 1996 in Wien, expert
cluster für CD innerhalb von
designaustria.

**Interne Recherchen**, Untersuchung
des Unternehmens selbst, z. B.
Prozessabläufe, Firmenge-
schichte etc., Voraussetzung für
die optimale Gestaltung von
→ Informationsmitteln.

**interpolieren**, zwischen zwei
bekannten Werten einen
Zwischenwert errechnen. Im →

Responsive Design einen
Schriftschnitt an die
Bildschirmgröße anpassen.

**Klickdummy**, nicht voll funktions-
fähiger Offline-Entwurf einer
Website, bei dem die wesentlichen Unterseiten durch
Anklicken aufgerufen werden
können, zumeist ein interaktives
PDF.

**Kommunikationsmittel**, alle
→ CD-Elemente, die der externen Kommunikation dienen,
also aus den Bereichen
Werbung, Verkaufsförderung
und → PR.

**Kommunikationsrichtlinien**,
Vorgaben für die → Corporate
Communications in der → CI.

**Korrektur lesen**, Prüfen von
gestalteten Texten auf Schreib-
fehler. Jede Reinzeichnung
muss von Auftraggebenden
vor der → Filmherstellung
Korrektur gelesen werden, auch
wenn das Manuskript ursprüng
lich fehlerfrei war, denn beim →
Umbruch schleichen sich immer
wieder Fehler ein.

**Layout**, → Entwurf von CD-
Elementen, präsentiert als
→ Laserausdruck oder
→ Skribble. → Mengensatz wird
durch Blindtext dargestellt,
Fotos durch → Blindfotos.

**Legende**, auch: Bildlegende,
kleine Textzeile, die eine
Abbildung beschreibt.

**Leitbild**, auch: Unternehmensleitbild, die in klare Aussagen
zusammengefasste → CI. Im
Leitbild werden Richtlinien für
→ Corporate Behaviour,
Corporate Communications
und CD festgehalten.

**Leitidee**, prinzipieller Ausgangs-
gedanke für einen Unter-
nehmenszweck. Wird dem
→ Leitbild vorangestellt, Ausgangspunkt für das Texten
des → Claims.

**Leitsatz**, Kapitel im → Leitbild.

**Leitsystem**, Bestandteil von
→ Corporate Architecture. Alle
CD-Elemente, die zur räumlichen
Orientierung dienen, z. B.
Wegweiser, Bürobeschilde-
rungen oder Abteilungstafeln.

**Line Extension**, Erweiterung einer
→ Marke um eine neue Produkt-
eigenschaft, ohne ihr Erscheinungsbild gravierend zu ändern,
z. B. Coca Cola und Coca Cola
light.

**Linksbündig**, Ausrichtung des
→ Flattersatzes: wenn alle Zeilen
auf der linken Seite beginnen.

**Litho**, Abkg. f. Lithografie,
ursprünglich Umwandlung eines
→ Halbtonbildes in druckbare
Rasterflächen. Wird heute als
Synonym für Druckvorlagen-
herstellung verwendet.

**Logistik**, Organisation der
Produktionsabläufe im Betrieb,
insbesondere Transportwege

und -mittel.

**Logo**, Bestandteil des → CD, → Schriftzug oder Kombination von Bild- und Schriftzeichen zur einwandfreien Identifizierung eines Unternehmens oder eines Produkts. Das Logo ist das Kernstück eines CD. Seine Form und Farbe sowie genaue Anwendungsvorschriften sind das erste Kapitel des → CD-Manuals. Ein gut gestaltetes Logo löst beim Betrachter → Anmutungen aus, die positive Imagedimensionen für das Unternehmen darstellen.

**Logotype**, engl. f. → Logo.

**Look**, → Anmutung.

**Mafo**, Abkg. f. → Marktforschung.

**Marginalie**, Randbemerkung, wird in anderer → Schriftart als der → Mengensatz an den Rand neben den Textblock gesetzt.

**Marke**, Produkt, Dienstleistung oder Unternehmen, welche mit eindeutigen Qualitätsmerkmalen (Werten) verbunden wird.

**Markenarchitektur**, Abhängigkeiten von → Submarken untereinander und gegenüber ihrer → Dachmarke. Die M. definiert z. B., ob eine neues Produkt nur als → Line Extension oder als eigene Submarke geführt wird.

**Markenportfolio**, Summe aller → Submarken, die sich im Besitz einer → Dachmarke befinden.

**Markenregister**, Abteilung des Patentamtes, wo u. a. → Logos und Firmennamen national oder international registriert werden können.

**Markenregistrierung**, Eintragung eines → Logos ins → Markenregister.

**Marketing**, Theorie und Praxis der verkaufs- und kundenorientierten Betriebswirtschaft. Die Bereiche, in denen M. angewendet wird, sind → Distribution, → Kommunikation, Preis und Produkt (Marketingmix).

**Marktforschung**, (abgk. Mafo), Erhebung und Auswertung von Meinungen und Einstellungen oder Motivationen bezüglich einer Firma, eines Produkts, eines → Werbemittels oder eines Logos etc. Je nach Größe von Auftraggebenden und Umfang der Untersuchung kann M. im → CD-Prozess durch Marktforschungsinstitute oder durch eigenes Personal durchgeführt werden.

**Maske**, fixer Rahmen aus gleichbleibenden Text- und Bildelementen auf Dokumenten von Schreibprogrammen, sodass nur die aktuellen Textpassagen eingefügt werden müssen (z. B. Logo und Adresse auf dem elektronischen Faxformular).

**Mastentafel**, Werbeschild an einem Laternenmast.

**Mengensatz**, größerer Textblock z.B. Brieftext oder Prospekttext. Nur wenige Schriften sind bei großen Textmengen und kleinen Schriftgrößen gut lesbar.

**Mittelachse**, unterschiedlich lange Textzeilen sind untereinander zentriert angeordnet.

**Mutationskorridor**, Definition des Ausmaßes, also der Mutationsparameter, eines → Redesigns.

**Namensfindung**, Kreation eines neuen Firmennamens. Muss beim → Markenregister auf Einzigartigkeit überprüft werden.

**Navigation**, grafische Elemente, die das Zurechtfinden auf einer Website erleichtern, z. B. Tasten, → Icons oder aufklappbare Inhaltsverzeichnisse.

**Nutzungsrechte**, auch Werknutzungsrechte. Das Recht, einen Entwurf zu verwenden. N. müssen räumlich und zeitlich definiert sein. N. werden nicht automatisch mit dem Bezahlen des → Entwurfs erworben, sondern gesondert angeboten und verrechnet. Auftraggebenden bietet es einen Kostenvorteil, wenn sie vorerst die N. zeitlich auf ein Probejahr oder örtlich auf nationales Gebiet beschränken möchten.

**Offset**, Druckverfahren, das bei den meisten Drucksorten und Werbemitteln angewandt wird.

**Organigramm**, schematische Darstellung der Inhaltsstruktur einer Website oder einer → App.

**Organisationsmittel**, alle → CD-Elemente, die zur Organisation des Betriebsablaufes dienen (z. B. Formulare, Aktenordner).

**Outline**, Darstellung von Buchstaben oder Grafiken ohne Füllung, nur mit einer Umrisslinie.

**Pagina**, lat. f. Seitenangabe.

**Paginierung**, grafische Gestaltung der → Pagina.

**Pantone**, Name eines Herstellers von → Schmuckfarben, die P.-Skala dient zur Farbdefinition im → CD-Manual. Die P.-Farbskala bietet die größte Auswahl an Farbnuancen am Markt.

**PDF**, Dateien, die als PDF gespeichert werden, lassen sich auch in fremden Programmen ansehen, heute übliche Reinzeichnungsdatei.

**Piktogramm**, symbolische bildliche Darstellung mit eindeutiger Information (z. B. Kennzeichnung „Herrentoilette" durch Männchen-Darstellung), Bestandteil des → Leitsystems.

**POS**, Abkg. f. Point of Sale, engl. f. Verkaufsort, dort wo Waren oder Dienstleistungen angeboten werden, also Geschäft, Supermarkt, aber z. B. auch

Messestand.

**Positionierung**, strategische Zieldefinition für das → Firmenimage.

**PR**, Abkg. f. Public Relations, engl. f. Öffentlichkeitsarbeit, in den meisten CI-Modellen Bestandteil der → Corporate Communications.

**Präsentation**, erstmaliges Zeigen von → Entwürfen.

**Präsentationshonorar**, unpräziser Ausdruck für die Bezahlung der Entwurfsarbeit.

**Pressemappe**, Kartonumschlag für Presseinformationen.

**Pretest**, Logos werden vor dem Einsatz durch Zielgruppe abgetestet.

**Proof**, → digitaler Farbprobedruck vor der Druckformenherstellung vom Datenträger weg (kalibrierter Laserausdruck).

**RAL**, Farbskala des Deutschen Instituts für Gütesicherung zur einheitlichen Definition von Lacken. RAL-Farben werden im → CD-Manual zum Gestalten von Oberflächen aus Holz, Metall oder Kunststoff angegeben.

**Raster**, Wiedergabe von → Halbtönen mittels Muster aus winzigen einfarbigen Punkten im Druckverfahren.

**Rechtsbündig**, Ausrichtung des → Flattersatzes: wenn alle Zeilen rechts bündig enden.

**Redesign**, Überarbeitung eines → CD-Programms, um dem gesellschaftlichen und ästhetischen Wandel zu entsprechen.

**Reinzeichnung**, (abgk. RZ), Endausführung des → Entwurfes mit allen zum → Druck nötigen Informationen und Teildateien. Der Begriff RZ stammt noch aus der Zeit, in der händisch auf Karton gezeichnet wurde. Heute werden RZ in professionellen Grafikprogrammen erstellt und als → PDF-Datei gesichert.

**Repro**, einfarbig schwarz-weiße Druckvorlage ohne → Halbtöne auf Film- oder Papiermaterial.

**Responsive Design**, Darstellung einer Website oder einer → App, die sich der jeweiligen Bildschirmgröße anpasst.

**Retina-Display**, von Apple entwickelter höchst auflösender Bildschirm.

**s/w**, Abkg. f. schwarz-weiß.

**Schmuckfarbe**, Echtfarbe, Wiedergabe einer Farbe im Druckprozess mittels des echten Farbtones, z. B. → HKS oder → Pantone. Nur die Schmuckfarbe ermöglicht die genaue Wiedergabe der → Firmenfarbe. Im → Vierfarbverfahren wird die Schmuckfarbe im → CMYC-Modus definiert.

**Schriftzug**, → Logo, nur aus Buchstaben gestaltet bzw. mit in die Schrift integrierten Bild-

oder Dekorelementen.

**Screendesign**, grafische Gestaltung von → Bildschirmmedien.

**Satzspiegel**, Begrenzung des Textfeldes im Seitenlayout.

**Sekundäres Stilelement**, Bestandteil des → Basisdesigns, Streifen- oder andere Dekorelemente, die → CD-Elemente bei Fehlen des Logos unternehmenstypisch machen (z. B. die weiße Welle bei Coca Cola).

**Serife**, kleine Verbreiterung am Ende jedes Striches von Buchstaben ("Füßchen") → Antiqua. Serifenlose Schriften (→ Grotesk) gibt es erst seit dem 20. Jhdt.

**Shop in Shop**, → Distributionsstrategie, bei der eine Abteilung eines Handelsunternehmens ein eigenes unabhängiges CD hat.

**Siebdruck**, Druckverfahren für Untergründe aus Kunststoff, Holz, Glas oder Textilien, z. B. für Werbeartikel.

**Signet**, → Logo, nur aus einem Bildzeichen ohne Schriftelemente bestehend (z. B. der Mercedes-Stern).

**Skribble**, Skizze, flüchtiger Entwurf.

**Soundlogo**, → Logo, nur aus einer akustischen Tonfolge bestehend.

**Storecheck**, Bestandteil der → Recherche im → CD-Prozess bei Handelsunternehmen, Erhebung des Ist-Zustandes am → POS.

**Stakeholder,** S. sind alle Personen, die in irgendeiner Weise mit dem Unternehmen in Verbindung stehen und von seinen Entscheidungen betroffen sind.

**Streuartikel**, → Giveaway.

**Strich**, einfarbige Vorlage ohne → Halbtöne (→ Repro).

**Style Sheet**, Bestandteil des → CD, Kurzfassung eines → CD-Manuals für Kleinbetriebe und Vorablösung bei längeren → CD-Prozessen.

**Subheadline**, Zwischenüberschrift.

**Submarke**, → Marke unterhalb einer → Dachmarke.

**Tampondruck**, → Spezialdruckverfahren für besonders kleine oder gewölbte Gegenstände (z. B. Feuerzeug).

**Trademark**, engl. f. eingetragenes Warenzeichen (→ Marke).

**Typografie**, die Kunst des Schriftsetzens.

**Umbruch**, typografisches Gestalten von größeren Textmengen.

**Unternehmensphilosophie**, Selbstverständnis eines Unternehmens. Schriftlich festgehalten wird die U. im → Leitbild.

**Urheberrecht**, das Recht des Urhebers einer eigenschöpferischen Arbeit (→ Entwurf) als solcher genannt zu werden und das Verbot für den Auftraggeber, ohne Zustimmung des

Urhebers das Werk zu bearbeiten. Im Gegensatz zum → Nutzungsrecht ist das U. unveräußerlich.

**USP,** Abkg. f. Unique Selling Proposition, engl. f. das einzigartige Verkaufsversprechen. Eine signifikante Imageprofilierung ist ohne USP unmöglich.

**Verhaltensrichtlinien,** Bestandteil der → Corporate Identity, Richtlinien für das → Corporate Behaviour.

**Veröffentlichungsrecht,** eines der → Nutzungsrechte. Nicht nur das Drucken eines Entwurfes, sondern jedes andere Bekanntmachen ist bereits Veröffentlichung.

**Versalie,** Großbuchstabe.

**Vierfarbdruck,** Druckverfahren, bei dem durch Verwendung von nur vier verschiedenen Druckfarben, nämlich Cyan, Magenta, Yellow und Key (→ CMYK), praktisch jeder Farbton erzielt werden kann.

**Webfonts,** Schriften, die für die Nutzung im Internet entwickelt wurden. W. lassen sich auch auf Computern betrachten, auf denen die Schrift nicht installiert ist.

**Werbemittel,** dienen der → Corporate Communication, z. B. Inserate und Prospekte. Die Gestaltung von W. geschieht bei großen Unternehmen durch die Werbeagentur. Hier gibt der CD-Berater jedoch die → Gestaltungsrichtlinien vor (→ Basisdesign).

**Werbemonument,** dreidimensionales Objekt, zumeist im Freien, das auf das Unternehmen hinweist. Oft dreidimensionale Logoumsetzung.

**Werbepylon,** → Werbemonument in Säulenform.

**Werknutzungsrechte,** → Nutzungsrechte.

**Wireframe,** konzeptioneller Entwurf eines → Screendesigns zur Darstellung der wesentlichen Seitenlayouts und der → Navigation, zumeist linear und schwarz-weiß.

**Wortbildmarke,** → Logo, beim Patentamt registriert, bestehend aus Bildelement und → Schriftzug.

**Wortmarke,** Produkt- oder Firmennamen, beim Patentamt registriert.

# Literaturempfehlungen

## Corporate Colour:

Ertl, Manuela: **Einflussfaktoren und Entscheidungskriterien bei der Farbwahl im Corporate Design**, Diplomarbeit am Fachhochschul-Studiengang Marketing & Sales, FH Wien, 2006

Frieling, Heinrich: **Mensch und Farbe,** Muster-Schmidt 1981

Heller, Eva: **Wie Farben wirken,** Droemer 2000

Itten, Johannes: **Kunst der Farbe,** Ravensburger 1961

Küppers, Harald: **Das Grundgesetz der Farbenlehre,** DuMont 2000

Küthe/Venn: **Marketing mit Farben,** Dumont 1996

Strohmer/Fischer: **Die Natur der Farbe,** Dumont 2006

## Corporate Design:

Abdullah, Rayan: **Piktogramme und Icons: Pflicht oder Kür?,** Herrmann Schmidt 2008

Beyrow, Matthias: **Mut zum Profil: Corporate Identity und Corporate Design für Städte,** avedition 1998

Brun, Monique/Rasquinet: **L'Identité visuelle de l'Entreprise,** Les Editions d'Organisation 1996

init_cd: **Erfolgreich durch Corporate Design,** Eigenverlag 1998

init_cd / Koren: **Corporate Design in Österreichs Unternehmen (Pilotstudie),** Eigenverlag 1999

init_cd: **Qualitätsstandards für Corporate Design,** designaustria/ Creative Industries Styria, 2010

Leu, Olaf: **Corporate Design,** Bruckmann 1992

Messedat, John: **Corporate Architecture: Entwicklung, Konzepte, Strategien,** avedition 2008

Olins, Wally: **Corporate Identity,** Campus 1990

Olins, Wally: **Corporate Identity weltweit,** Campus 1995

Schmidt, Karl: **Corporate Identity in Europa,** Campus 1994

## Corporate Identity:

Birkigt, Klaus/Stadler, Marius M./Funck Hans Joachim: **Corporate Identity,** Verlag Moderne Industrie 1998

Herbst, Dieter: **Corporate Identity,** Cornelsen 1998

Kreutz, Bernd: **Also ich glaube Strom ist gelb: Über die Kunst, Konzerne Farbe bekennen zu lassen,** Hatje Cantz, 2000

Kroehl, Heinz: **Corporate Identity als Erfolgskonzept im 21. Jahrhundert,** Vahlen 2000

## Corporate Language
Claßen, Veronika/ Reins, Armin: **Deutsch für Inländer.**
**Die 15 neuen Deutschs,** Fischer Frankfurt 2007
Dunkl, Martin: **Corporate Code – Wege zu einer klaren und unverwech-selbaren Unternehmenssprache,** Springer Gabler Wiesbaden 2015
Förster, Hans-Peter: **Corporate Wording,** Frankfurter Allgemeine Buch 2001
Förster, Hans-Peter, **Corporate Wording. Das Strategiebuch,** Frankfurter Allgemeine Buch (ohne Erscheinungsdatum)
Förster, Hans-Peter: **Neue Briefkultur mit Corporate Wording,** Campus, Frankfurt 1999
Förster, Hans-Peter: **Texten wie ein Profi. Ein Buch für Einsteiger und Könner,** Frankfurter Allgemeine Buch 2006
Goldmann, Monika/Hrsg. DIN Deutsches Institut für Normung: **Der private Geschäftsbrief (Gestaltung nach DIN 5008),** Beuth Berlin, Wien, Zürich 2007
Hoffmann, Monika: **Business-Kommunikation mit Stil,** Eichborn 2001
Janich, Nina: **Werbesprache – ein Arbeitsbuch,** Narr/Francke/Attempto, Tübingen 2013
Kastens, Inga Ellen: **Linguistische Markenführung,** Lit, Berlin 2008
Reins, Armin: **Corporate Language,** Herrmann Schmidt, Mainz 2006
Reins, Armin: **Die Mörderfackel. Armin Reins fragt die besten Texter, wie das Mittelmaß in der deutschen Werbung bekämpfen,** Hermann Schmidt, Mainz 2002
Samland, Bernd M.: **Unverwechselbar – Name, Claim & Marke,** Haufe Planegg / München 2006
Vogel, Kathrin: **Corporate Style,** Springer VS, Wiesbaden 2012

## Komposition, Layout:
Braun, Gerhard: **Grundlagen der visuellen Kommunikation,** Bruckmann 1993
Pawletky, Petral: **Layouten,** Bruckmann 1992
Turtschi, Ralf: **Mediendesign,** Niggli 1998
Zuffo, Dario: **Die Grundlagen der visuellen Gestaltung,** Polygraph 1993

## Kommunikationstheorie:

Barthes, Roland: **Mythen des Alltags,** Suhrkamp 1988

Bolz, Norbert: **Eine kurze Geschichte des Scheins,** Fink 2000

Bolz, Norbert/Bosshart, David: **Kultmarketing,** Econ 1995

Eco, Umberto: **Einführung in die Semiotik,** Fink 1994

## Markenrecht und Urheberrecht:

Kucsko, Guido: **Geistiges Eigentum,** Manz 2003

Kucsko, Guido,: **Roadmap Geistiges Eigentum,** Manz 2004

Schanda, Reinhard: **Markenschutzgesetz Praxiskommentar,** Orac 1999

Zanger, Georg: **Urheberrecht und Leistungsschutz im digitalen Zeitalter,**
    Orac 1996

## Markentechnik:

Domizlaff, Hans: **Die Gewinnung des öffentlichen Vertrauens (1939),**
    Reprint HÖRZU 1992

Gerken, Gerd: **Die fraktale Marke,** Econ 1994

Hellman, Kai-Uwe: **Soziologie der Marke,** Suhrkamp 2003

Ries, Al und Laura: **Die 22 unumstößlichen Gebote des Branding,**
    Econ 1999

Simon, Heinz-Joachim: **Das Geheimnis der Marke,** Langen Müller/
    Herbig 2001

Strebinger, Andreas/Schweiger, Günter (Hrsg.): **Markenarchitektur,**
    Gabler 2010

## Marketing:

Kotler, Philip/Bliemel, Friedhelm: **Marketing-Management,**
    Schaeffer-Poeschl 1995

Meffert, Heribert: **Marketing,** Gabler 1986

## Marktforschung:

Berekoven, Ludwig/Eckert, Werner/Ellenrieder, Peter:
    **Marktforschung,** Gabler 1996

Hüttner, Manfred: **Grundzüge der Marktforschung,** Oldenbourg 1997

## Public Relations:

Pflaum, Dieter/Linxweiler, Richard: **Public Relations in der**
    **Unternehmung,** Moderne Industrie 1997

## Psychologie:

Kroeber-Riel, Werner/Weinberg, Peter: **Konsumentenverhalten,**
Vahlen 1996

Rosenstiel, Lutz von/Kirsch, Alexander: **Psychologie der Werbung,**
Rosenheim 1996

## Typografie:

Blackwell, Lewis: **Schrift als Experiment – Typografie im 20. Jahrhundert,**
Birkhäuser 2004

Frutiger, Adrian: **Der Mensch und seine Zeichen,** Marix 2004

GDP-Autorenkollektiv: **Satztechnik und Typografie** (4 Bände),
GDP Bern 1998

Kern, Michael: **Schrift vergleichen, Schrift auswählen, Schrift erkennen,
Schrift finden,** H. Schmidt 1991

Robinson, Andrew: **Die Geschichte der Schrift,** Haupt 1996

Schwesinger, Borries: **Formulare gestalten,** Herrmann Schmidt Mainz
2007

Tscheng, Karen: **Anatomie der Buchstaben,** Herrmann Schmidt Mainz
2006

Turtschi, Ralf: **Praktische Typografie,** Niggli 1995

Unger Gerard: **Wie man's liest,** Niggli 2009

Willberg, Hans Peter/Forssmann, Friedrich: **Lesetypografie,**
H. Schmidt 2005

Willberg, Hans Peter: **Wegweiser Schrift,** H. Schmidt 2001

Willberg, Hans Peter: **Streiflichter zur Typographical Correctness,**
H. Schmidt 2000

# Adressen

**designaustria**
Wissenszentrum und
Interessenvertretung
Museumsplatz 1
A-1070 Wien
Tel.: +43-1-524 49 49-0
service@designaustria.at
www.designaustria.at

**Dunkl Corporate Identity**
Feichtenbach 9
A-2763 Pernitz
martin.dunkl@dunkl.com
www.dunkl.com

**init_cd**
Verein Initiative Corporate
Design, expert cluster für CD
von designaustria
Schönbrunner Straße 38/8
A-1050 Wien
www.init-cd.at

**PRVA**
Public Relations Verband Austria
Vereinigung österreichischer
Kommunikationsfachleute
Lothringerstraße 12
A-1030 Wien
Tel.: +43-1-715 15 40
www.prva.at

**VIKOM**
Verband für Integrierte
Kommunikation
Schwarzenbergplatz 4
A-1031 Wien
Tel: +43 - 1 71135-2413
Fax: +43 - 1 71135-2313
E-Mail: vikom@iv-net.at
Web: http://www.vikom.at

**Wirtschaftskammer Österreich**
Fachverband Werbung &
Marktkommunikation
Wiedner Hauptstraße 73
A-1045 Wien
Tel.: +43-1-5 90 900-3541
werbung@wko.at
www.fachverbandwerbung.at

**Österreichisches Patentamt**
Dresdner Straße 87
A-1200 Wien
Tel.: +43-1-534 24-0
info@patentamt.at
www.patentamt.at

**Nützliche Links:**

www.ci-portal.de
www.corporate-design-preis.de
www.patentamt.at
www.slogan.de

**Notizen**